超簡單！秒上手！

比外面賣的還好吃！
在家輕鬆做出50款超人氣甜點&麵包

世界第一美味甜點

世界一親切な
大好き！
家おやつ

藤原美樹—著　連雪雅—譯

居家烘焙的點心無敵好吃！

大家好，我是美樹媽。

在我們生活周遭，
大排長龍的蛋糕店、
香氣撲鼻的麵包店多得數不清。
可是，在家做的點心卻很特別。
照著本書的食譜就能做出驚人美味的點心，
讓你被自己的手藝感動到不行！！

所以啊，
就算是忙到沒時間的人，
或是第一次做點心的新手，
都能享受「居家烘焙」的樂趣唷！

書中介紹的品項，
都是經過反覆試做才完成的精心傑作。
即使是天天要做三餐、忙著帶孩子或工作的人，
使用家中既有的器具和材料，
就能做出媲美店家的好吃甜點。

而且，
全部都是廣大網友敲碗要求「教教我！」，
或是人氣投票前幾名的甜點，
相信也會成為各位家中的「熱門」點心。

為了避免太緊張而手忙腳亂、不小心搞砸，
書中也附上我的貼心叮嚀，
以及輕鬆省事的小撇步，
各位只要看圖照做就好囉。

藤原美樹

Contents

居家烘焙是使用廚房既有

讓做點心變得更輕鬆！更有趣！
只要有做菜常用器具和材料，就能做出本書介紹的點心。

基本道具

平時做菜用的器具就
可做出美味的點心。

建議使用
鐵氟龍材質

請正確秤量
材料的 g 數

□ 電子秤
□ 量匙（大匙、小匙）
□ 篩網

□ 鍋子
（直徑20cm）
□ 平底鍋
（直徑26cm）

□ 調理碗
□ 量杯
□ 竹籤
□ 牙籤

□ 菜刀
□ 砧板

□ 鍋鏟
□ 橡皮刮刀
□ 木鏟
□ 料理長筷

□ 湯匙
□ 叉子
□ 打蛋器
□ 湯勺

微波時使用
耐熱調理碗

這些東西也不可缺少

□ 廚房紙巾

□ 保鮮膜

□ 烤盤紙

□ 鋁箔紙

□ 塑膠袋
（小，20×30 cm）

的「器具」和「材料」做點心

基本材料

全部都是超市買得到、方便取得的材料。

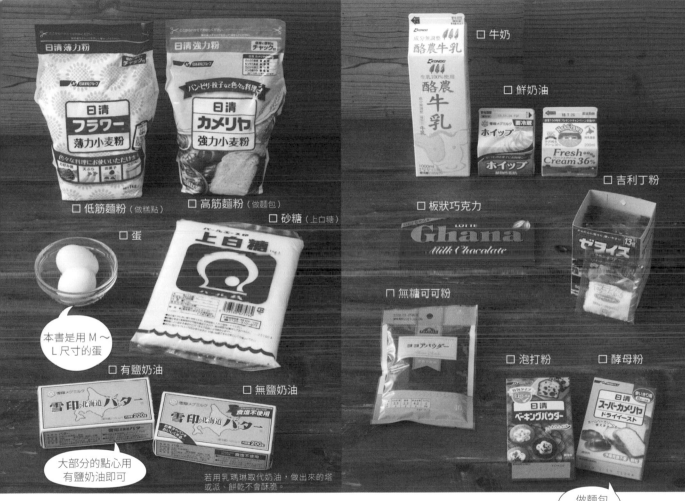

□ 低筋麵粉（做糕點）

□ 高筋麵粉（做麵包）

□ 砂糖（上白糖）

□ 蛋

本書是用 M～L 尺寸的蛋

□ 有鹽奶油

□ 無鹽奶油

大部分的點心用有鹽奶油即可

若用乳瑪琳取代奶油，做出來的塔或派、餅乾不會酥脆。

□ 牛奶

□ 鮮奶油

□ 板狀巧克力

□ 吉利丁粉

□ 無糖可可粉

□ 泡打粉

□ 酵母粉

做麵包必備！

Q 開封的粉類是常溫保存？還是冷藏保存？

A 常溫保存會受潮氧化，建議密封後冷藏保存。

低筋麵粉、高筋麵粉、可可粉、泡打粉、酵母粉等粉類，開封後置於室溫會受潮氧化。最好裝入密封容器或保鮮袋隔絕空氣，放進冰箱冷藏保存。

Q 鮮奶油的種類好多！應該選哪一種？

A 市售品分為「動物性」和「植物性」，請依個人喜好區分使用。

牛奶製成的動物性鮮奶油，在日本通常會標示為「純鮮奶油」，乳脂含量通常是35～48%，建議選擇比較順口的30%左右。植物性脂肪為原料的鮮奶油，在日本通常會標示為「打發鮮奶油」，適合新手使用，容易打發、口感輕盈。

第一次做也能成功上手，

第一次做的時候難免擔心：「我有辦法做成功嗎？」
本書整理了「新手POINT」，請各位動手前好好讀一讀。

新手POINT

 1 ## 首先，請依照書中指示製作

「一時興起」經常是失敗的原因，請仔細閱讀食譜的說明。

■確認難易度

★☆☆…小朋友可以自己做，
或是親子一起做。

★★☆…稍微難一點，步驟較複雜。

★★★…適合想成為甜點高手的人

★越多，難度越高。建議新手從1個★的食譜開始挑戰。

■掌握完成時間

書中標示的時間是「開始製作」到「完成」的時間。做好後需要靜置數小時或是放進冰箱冷藏數小時的品項，那段時間不計算在內。

■確認使用的器具

圖示代表平底鍋、微波爐、烤箱或小烤箱等用於加熱的器具，以及用於冷藏冷凍的必要器具。請先確認會用到哪些東西。

● 微波爐的加熱時間是以600W為基準（若是500W，時間請調整為1.2倍）。
● 小烤箱的加熱時間是1000W為基準。
● 本書使用的是電烤箱。若烤盤架為兩層以上，除非文中有特別提到，基本上是放在下層烘烤。
※ 上述器具的加熱時間皆因機種而有所差異，請視情況斟酌調整。

BEST.1
美式鬆餅

材料簡單、做法容易，任誰都能輕鬆完成。
加入優格，產生細緻蓬鬆且溼潤的口感。
配上不甜膩的鮮奶油超對味。

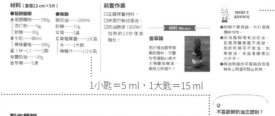

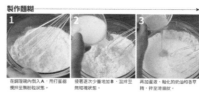

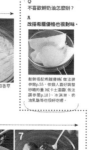

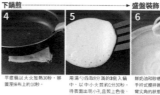

13

照著食譜製作
是成功的捷徑

■看著圖照做，循序進行

為了讓各位可以「看著照做」，以圖片來解說做法。一起看著圖片完成步驟吧。

■第一次做的人請注意這個部分

來自作者的貼心小叮嚀，包含成功的重點、需要注意的事項等等。第一次做的時候務必讀一讀。

MIKI'S ADVICE

請跟著本書一起做

新手 POINT

② 準備材料時一定要正確秤量

為了避免製作過程中材料不夠的情況發生，請做好準備！

製作鬆餅要準備這些材料

牛奶+優格　蛋
奶油
砂糖　低筋麵粉+泡打粉

能夠一起加的材料可倒入同一個碗裡。不過，份量一定要量對！

秤量低筋麵粉

將調理碗放在電子秤上，重量設定為0g後，秤量150g的低筋麵粉。

克數歸零

量完後，把克數重設為0g，千萬別忘記！直接倒入其他材料容易計算錯誤。

加入泡打粉

確定歸零後，加入6g的泡打粉。這麼做就能正確秤量份量。

新手 POINT

③ 加熱電器務必留意！

請注意每項○和×的解說。

◀**微波爐**

請使用耐熱玻璃的調理碗，若家中沒有，可用簡單的陶器。金屬材質的調理碗和鋁箔紙會反射電磁波，不可使用。

◀**小烤箱**

因為會接觸到加熱管，建議使用鋁箔紙或鋁製烤模。烤盤紙和紙製烤模有起火的危險。

◀**烤箱**

烤箱是利用內部的熱空氣進行調理，不會有起火的危險。鋁、紙、矽膠、琺瑯等材質的製品皆可使用。

新手 POINT

④ 利用省時訣竅快速製作

在最短的時間內完成的小撇步。

縮短「退冰至室溫」的時間

大部分的食譜都會寫將奶油或蛋「退冰至室溫」，但本書省下了那段時間喔！奶油用微波爐加熱軟化；蛋則是在加了等量熱水和冷水的調理碗中浸泡5分鐘。

奶油微波軟化好輕鬆！

蛋用50度熱水泡5分鐘

縮短「冷卻」的時間

本書的省時妙招不是冷藏，而是冷凍（冰太久會結凍，請留意！）。當然，時間充裕的話，也可放進冷藏室慢慢冷卻。

想要趕快冷卻的點心別放冷藏室，要放冷凍庫！

新手 POINT

5 活用方便的道具　平價商店或大型超市賣的便宜器具都是好幫手！

■平價商店買得到　□粉篩　□矽膠刷　□抹刀　□擠花袋和擠花嘴

■延展麵團　□擀麵棍

■加速打發　□手持式攪拌器

■「切碎」＋「攪拌」　□果汁機

■裝飾　□轉台

新手 POINT

6 成功打發鮮奶油　製作鮮奶油蛋糕前，請先確認鮮奶油如何打發、如何擠花。

■打發鮮奶油的方法

動物性鮮奶油要隔著冰水攪打

使用動物性鮮奶油必須隔著冰水降溫，否則打發的鮮奶油口感會很粗糙。

可拉出微彎尖角

用打蛋器或手持式攪拌器攪打成可拉出微彎尖角，撈起會滑落的軟度。

可拉出挺立尖角

攪打成可拉出挺立尖角，撈起不會滑落的狀態。若繼續攪打會出現分離，請留意！

■擠花袋的使用方法

裝上擠花嘴

剪掉擠花袋前端，從袋口放入擠花嘴，推至開口處卡緊。

為避免鮮奶油流出，扭轉擠花袋。

將扭轉的部分塞入擠花嘴。

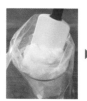

袋口向外反摺，套在杯身較高的杯子上，填入打發鮮奶油。

放進冰箱冷藏備用，擠出之前先用筷子推向擠花嘴。

不裝擠花嘴

袋口向外反摺，套在杯身較高的杯子上，填入鮮奶油。擠出之前剪掉前端。

新手 POINT

7 吃不完的蛋糕可以冷凍保存　把沒吃完的糕點放進冰箱冷凍，想吃點心的時候隨時都能吃。

■沒有鮮奶油的糕點

包上保鮮膜冷凍，要吃的時候微波解凍

磅蛋糕、鬆餅、年輪蛋糕等常溫糕點，包上保鮮膜冷凍，要吃的時候先直接微波（600W）加熱20秒，再視情況增加時間。

■有鮮奶油的糕點

用鋁箔紙包起來冷凍，移至冷藏室自然解凍

鮮奶油蛋糕、起司蛋糕、泡芙、塔或派等容易變形的冷藏糕點，包上鋁箔紙冷凍，要吃的時候請移至冷藏室解凍約5小時。

蛋白的冷凍

將蛋白倒入鋪了保鮮膜的小碗，如圖所示扭轉包覆，放進冰箱冷凍。要用的時候請移至冷藏室解凍2小時。保存期限為1～2週。

打發鮮奶油的冷凍

鮮奶油打發後，用鋁箔紙分裝、冷凍。要用的時候請移至冷藏室解凍2小時。保存期限為1～2週。

PART 1

好想做一次看看！
真想多做幾次！！

媲美店家的
人氣點心 BEST 15

有辦法重現那家店的那個味道嗎？
為了回應粉絲的要求，反覆試做多次後，
最終成果獲得「比店家還好吃！」的稱讚。
本章介紹廣大粉絲敲碗想學的人氣點心BEST 15，
除了簡單易做的品項，也有難度偏高的甜點，
請依★判斷，挑選試做。

難易度 ★☆☆　完成時間 30分 微波爐　 平底鍋 26 cm

美式鬆餅

材料簡單、做法容易，任誰都能輕鬆完成。
加入優格，產生細緻絲滑且溼潤的口感。
配上不甜膩的鮮奶油超對味。

材料（直徑12 cm×5片）

●鬆餅麵糊

A 低筋麵粉……150g
　泡打粉……6g
　砂糖……30g
B 牛奶……80ml
　原味優格……100g
　蛋（M～L）……1顆
　有鹽奶油……20g
　香草精……5滴

●裝飾

鮮奶油……200ml
砂糖……10g
草莓……1盒
C 草莓果醬……3大匙
　水……1大匙
　檸檬汁……1/2小匙

前置作業

□ 正確秤量材料。
□ 將蛋打散成蛋液。
□ 奶油微波（600W）
　加熱約20秒使其
　融化。

材料 Memo

香草精

用於增加香草香氣的香料。只要在常溫點心或卡士達醬加幾滴，風味立即提升！

MIKI'S ADVICE

● 粉類不要過篩，用打蛋器攪拌均勻。
● 因為麵糊裡有加奶油，若是用鐵氟龍平底鍋，煎的時候可不放油。如果放油，表面會變得凹凸不平。
● 將加熱過的平底鍋放到溼抹布裡降溫可防止煎焦。

製作麵糊

1
在調理碗內倒入 **A**，用打蛋器攪拌至無粉粒狀態。

2
接著逐次少量地加 **B**，混拌至無結塊狀態。

3
再加蛋液、融化的奶油和香草精，拌至滑順狀。

Q
不喜歡鮮奶油怎麼辦？

A
改搭希臘優格也很對味。

鬆餅搭配希臘優格（做法請參閱p.55，依個人喜好調整砂糖的量）或卡士達醬（做法請參閱p.18）、冰淇淋、奶油乳酪等也很好吃喔。

下鍋煎

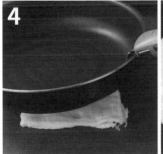

4
平底鍋以大火加熱30秒，移置溼抹布上約10秒。

5
用湯勺舀取8分滿的 **3** 倒入鍋中，以中小火煎約1分30秒。待表面出現小孔且煎上色後，翻面再煎30秒。依照步驟 **4**～**5** 再煎4片。

盛盤裝飾

6
鮮奶油和砂糖倒入調理碗，用手持式攪拌器攪打至可拉出微彎尖角的狀態，填入裝上擠花嘴的擠花袋（請參閱p.10）。

7
在調理碗內倒入 **C** 混拌，再放去蒂的草莓裹拌。鬆餅盛盤，擺上草莓、擠上 **6**。可依個人喜好撒些糖粉或杏仁角。

13

BEST.2

難易度
★★☆

完成時間
1 小時 15 分
不包含放涼的時間

小鍋子
18～20 cm

平底鍋 26 cm

冷凍庫

滑嫩布丁

不使用烤箱，用平底鍋蒸就能做出令人驚豔的滑順口感。
用1：1的牛奶和鮮奶油做出來就是女性喜愛的濃郁滋味！
只用牛奶就變成古早味的布丁。

布丁液用篩網「過
濾」，口感會變得
滑順。
將小烤盅蓋上鋁箔
紙，用橡皮筋固定，
就不必擔心滾水噴
進小烤盅裡。
為避免表面出現小
孔，以大火煮滾後，
立刻轉小火。
當布丁液周圍凝固，
中心呈現半熟狀態
便可取出，利用餘
溫燜熟，布丁就會
變滑嫩。
放進冰箱冷凍，縮
短降溫時間(注意不
要冰太久)。

材料（直徑7.5×高4.5 cm的小烤盅4個）

●布丁液
蛋（M～L）……2顆
砂糖……50g
A 牛奶……100ml
  鮮奶油……100ml
  香草精……10滴

☆**A**的牛奶和鮮奶油可
換成200ml的牛奶

●焦糖漿
砂糖……60g
水……2大匙
熱水……2大匙

前置作業

□ 正確秤量材料。
□ 準備4張比小烤盅
直徑大一倍的鋁箔
紙和4條橡皮筋。

倒入布丁
液後蓋上

Q 家中小朋友不喜歡焦糖漿
怎麼辦？

A 可以蒸好後，再淋上去。

有些小朋友討厭焦糖的苦味。可
以等布丁蒸好後，再依個人喜好
淋上焦糖液。

製作焦糖漿　動作快！

1 在小鍋內倒入砂糖和水，以中火加熱4～5分鐘煮成糖漿。

2 待糖漿外緣約1 cm處變成淺褐色，搖晃鍋子使顏色均勻，等到整體變成金黃色後關火，用鍋蓋稍微遮住防止噴濺，加入熱水。

3 變成這種狀態就完成了。

4 分裝至4個小烤盅，放進冰箱冷凍約10分鐘使其凝固。

製作布丁液 ➤ 蒸烤

5 把蛋打入調理碗內加砂糖，用打蛋器混拌。接著加**A**，拌至砂糖溶化後，用篩網過濾。

6 舀取等量的布丁液裝入小烤盅。蓋上鋁箔紙，用橡皮筋固定，鋁箔紙的邊緣向上反摺（請參閱前置作業）。

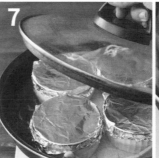

7 將小烤盅放在鋪了布巾的平底鍋，倒水至小烤盅高度的一半，以大火加熱。沸騰後立刻轉小火，為避免水蒸氣漏出，蓋上鍋蓋（請參閱p.53）蒸20分鐘。

8 拿掉鋁箔紙碰觸中心，若手指有沾到半熟的布丁液即可取出。蓋回鋁箔紙靜置約30分鐘，利用餘溫燜熟布丁，再放進冰箱冷凍1小時。

鋪餅乾底 ....➤

1

取一個塑膠袋，再套一個塑膠袋，放入餅乾用擀麵棍敲打80～100次，敲成 5mm大的碎塊。

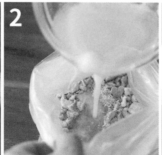

2

奶油放入耐熱調理碗，直接微波（600W）加熱40秒，使其完全融化，倒入塑膠袋。

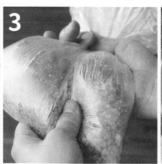

3

一手抓住袋口，一手搓揉袋子，讓餅乾和奶油融合。

4

倒入烤模，用手鋪平壓緊。

難易度
★☆☆

完成時間
1 小時 15 分
不包含降溫後
冷藏的時間

微波爐　烤箱　冷凍庫

BEST.3

烤起司蛋糕

非常簡單的烤起司蛋糕，很適合新手挑戰！
濃醇的起司結合檸檬汁的清爽酸味，
鋪在底部那層厚厚的餅乾底成為口感的亮點。

材料（直徑18 cm的圓形活底蛋糕模1個）

●起司麵糊

奶油乳酪……200g
砂糖……70g
蛋（M～L）……2顆
鮮奶油……200ml
檸檬汁……1+1/2大匙
低筋麵粉……30g

●餅乾底

餅乾……15片（83g）
無鹽奶油……50g

前置作業

☐ 正確秤量材料。
☐ 將蛋打散成蛋液。
☐ 在蛋糕模底部鋪1張
　　圓形（直徑18cm）
　　烤盤紙，側面鋪2張
　　條狀（6×30cm）烤
　　盤紙。

------ **材料 Memo** ------

餅乾

市售的餅乾即
可。不過，因為
含有鹽分，請使
用無鹽奶油。

 MIKI'S ADVICE

●使用活底蛋糕模，脫模時很輕鬆！
●奶油乳酪不必退冰至室溫，用微波爐加熱就
　會變軟了。
●進行步驟6時，若不小心全部加進碗內攪拌
　結塊了，可用手持式攪拌器攪打成柔滑狀。
●剛烤好的蛋糕很軟容易變形，請完全放涼後
　再脫模。

製作麵糊 —————————————————▶ 烘烤 —————————▶

5

在耐熱調理碗內放奶油乳酪，
直接微波（600W）加熱20～
30秒使其軟化，再用打蛋器
拌至滑順。

6

🔲 **烤箱預熱至190度**

接著依序少量地加入砂糖、
蛋液、鮮奶油、檸檬汁，每
加一次都要攪拌。拌至滑順
後，篩入低筋麵粉，拌至無
粉粒狀態。

7

麵糊倒入**4**，放進190度的烤
箱下層烤40～50分鐘，用竹
籤插入中心，若無沾黏麵糊即
可取出，靜置放涼約1小時，
放進冰箱冷凍1小時後脫模。

微波爐　烤箱　鍋子 20cm　冷藏室

BEST.4

泡芙

製作卡士達醬，用微波爐比鍋子簡單。拌入打發鮮奶油，口感變輕盈。
大口咬下大顆泡芙，那一瞬間好幸福！驚喜美味在口中迸發！！

泡芙對半切開
分別放入內餡
也 OK

材料（6個）

●泡芙皮
有鹽奶油……40g
牛奶……50ml
水……40ml
低筋麵粉……50g
蛋（M～L）
……2顆
水（助膨發用）
……1/2大匙

●卡士達醬
A 低筋麵粉……20g
　砂糖……45g
牛奶……250ml
蛋黃……3個
有鹽奶油……5g
香草精……8滴

●打發鮮奶油
B 鮮奶油……150ml
　砂糖……10g
　香草精……20滴

前置作業

□ 正確秤量材料。

□ 調理碗內倒入等量的熱水和水，把
　蛋放進碗中浸泡5分鐘，使其恢復
　至常溫，打散成蛋液後，取100g
　備用。

□ 泡芙皮的奶油切成1cm塊狀。
□ 泡芙皮的低筋麵粉先過篩。
□ 烤盤內鋪烤箱紙。

MIKI'S ADVICE

●麵糊變冷就不易膨發，備妥材料和器具後，
　盡快製作很重要。「讓蛋變成常溫」、「低
　筋麵粉過篩」等前置作業務必做好。
●烘烤過程中，千萬別打開烤箱！這麼做會讓
　泡芙皮收縮扁塌。
●卡士達醬和打發鮮奶油也可分開擠。或是將
　泡芙對半切開，用湯匙分別放入。

製作奶油餡

1 將 **A** 倒入耐熱調理碗，用打蛋器拌至無結塊狀態後，逐次少量地加牛奶，邊加邊拌，再加蛋黃混拌。

2 直接微波（600W）加熱1分鐘，充分拌勻。接著重複「加熱＋混拌」4次，直到麵糊變稠（總共加熱5分鐘）。

3 趁熱拌入奶油和香草精，用保鮮膜緊密貼合表面，擺上保冷劑靜置放涼約30分鐘，放進冰箱冷藏30分鐘。

4 在另一個調理碗內倒入 **B**，攪打至可拉出挺立尖角的狀態。把變硬的 **3** 用打蛋器攪散，逐次加1/3量的打發鮮奶油，用橡皮刮刀混拌。填入擠花袋（請參閱p.10），放進冰箱冷藏。

製作泡芙皮 🏃 動作快！

烤箱預熱至200度

5 奶油、牛奶和水下鍋，以中火煮滾，奶油融化後立刻關火，快速倒入低筋麵粉。用木鏟快速攪拌使整體融合。

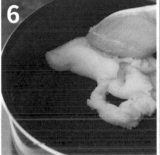

6 重新開中火加熱，拌炒約1分30秒，變成團狀後，放入調理碗。

7 將100g蛋液分5次加進麵糊團，每加一次都要充分混拌，拌至滑順。

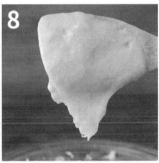

8 拌到呈現有光澤的狀態後，用木鏟撈起，麵糊會緩緩落下即完成。

烘烤 🏃 動作快！　▶ 擠入內餡

9 把麵糊填入擠花袋，前端剪掉2cm，保持一定間隔擠在鋪了烤盤紙的烤盤上，擠6個直徑5cm、高約2cm的圓形。

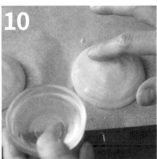

10 用手指沾水抹平麵糊表面，再用手指灑20滴左右的水，放進200度的烤箱下層烤15分鐘，再調至180度烤20分鐘（過程中千萬不要打開烤箱門！）。

11 取出泡芙，靜置放涼約30分鐘，用筷子在泡芙底部戳1個1cm的洞。

12 將 **4** 的擠花袋前端剪掉1cm，從底部的洞擠入奶油餡。

法國麵包脆餅

用微波爐蒸發水分，
一下子就變酥脆！

難易度	完成時間 45分		
★☆☆		微波爐	冷凍庫

材料（各8片）	前置作業
法國麵包……1條（180g） 有鹽奶油……50g 砂糖……60g 板狀巧克力……1片（50g）	□ 正確秤量材料。 □ 法國麵包切成 　16片1.5cm厚的 　片狀。

MIKI'S ADVICE

●烤盤紙比耐熱盤更容易蒸發水分。
●將巧克力塗在糖粒奶油上，吃起來的
　味道媲美店家。
●放進冷凍庫凝固後，裝入袋子防止乾
　燥，要吃之前再移到冷藏室保存。

蒸發水分 ▶ 塗抹糖粒奶油 ▶ 塗抹巧克力 ▶

1
將烤盤紙鋪在微波爐內，擺放8片麵包，加熱1分30秒，再翻面加熱30秒。用手指觸碰，變硬即可。如果還沒變硬，逐次加熱30秒直到變硬。另外8片麵包也是相同做法。

2
在耐熱容器內放奶油，直接微波（600W）加熱40秒，使其完全融化，加砂糖混拌。用湯匙塗抹在麵包表面，保持一定間隔擺在烤盤紙上。放進冰箱冷凍10分鐘使表面凝固。

3
把巧克力剝成一口大小放入另一個耐熱容器，直接微波（600W）加熱1分鐘，如果沒有融化，逐次加熱10秒直到融化。取出8片麵包，再塗上巧克力，放回冰箱冷凍10分鐘。

巧克力司康

拌一拌烤一烤，簡單又輕鬆。
現烤的香酥司康超讚！

難易度
★☆☆

完成時間
40分

 微波爐 烤箱

材料（8個）

A 低筋麵粉……150g
　泡打粉……12g
砂糖……45g
板狀巧克力……1片（50g）
有鹽奶油……40g
牛奶……3大匙

前置作業

□ 正確秤量材料。
□ 板狀巧克力用手剝
　成小塊。
□ 烤盤內鋪烤盤紙。

MIKI'S ADVICE

● 比起固態的奶油，用融化的奶油液做更好
　吃，形狀更好看。
● 不必花時間摺疊層次，拌一拌拿去烤就
　OK了。
● 如果涼掉了，用小烤箱（1000W）烤2～3
　分鐘就會恢復現烤狀態。

製作麵團

➤ 烘烤

1

在耐熱調理碗內放奶油，微波
（600W）加熱30～40秒，使
其完全融化。篩入混合的 A、
加入砂糖，用木鏟混拌。

2

🔲 烤箱預熱至180度

接著加入牛奶輕輕混拌，再加
巧克力拌成團。

3

將麵團移至砧板，蓋上保鮮
膜，用擀麵棍擀成直徑約
14cm的圓形，切成8等份。保
持一定間隔擺入烤盤，放進
180度的烤箱下層烤18分鐘，
烤至底部上色。

脆皮
巧克力球

用大的量匙做成一口大小的半圓形。
適合親子同樂！

難易度	完成時間 40分	
★☆☆		
		微波爐　冷凍庫

材料（16個）

板狀巧克力……2片（100g）
含糖穀片……120g
杏仁角……20g
沙拉油……少許

前置作業

□正確秤量材料。
□在托盤等容器鋪
　烤盤紙。

MIKI'S ADVICE

●材料敲碎後，容易做成美麗的半圓形。
●將湯匙塗抹沙拉油，巧克力可輕鬆倒出不沾黏。
●放進冰箱冷凍會加速凝固，取出稍放一會兒就是好入口的硬度。冷卻凝固後，只要放在冰箱或陰涼處就不易融化，適合當作禮物送人。

混拌材料

▶ 用量匙（大匙）塑形

1 取一個塑膠袋，套上另一個塑膠袋，放入玉米片和杏仁角，用擀麵棍敲碎。

2 在耐熱調理碗內放入剝碎的巧克力，直接微波（600W）加熱1分鐘。用橡皮刮刀拌至柔滑，再加**1**充分拌勻。

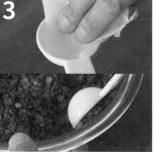

3 用沾了沙拉油的廚房紙巾擦塗量匙（大匙）內側，舀起滿滿一匙的**2**，貼著碗壁壓緊。

4 倒扣在托盤上。若沾黏於量匙內，用廚房紙巾擦掉。放進冰箱冷凍約15分鐘。

BEST.8

巧克力可頌

重點在於將市售的冷凍派皮切成直角三角形！
捲入板狀巧克力烤熟，
在家也能做出媲美店家的點心。

材料（6個）

冷凍派皮……1塊（18×18cm）
板狀巧克力……2片（100g）
A 蛋液……1/2顆蛋的量
　砂糖……1/2小匙
低筋麵粉（手粉）……適量

前置作業

□ 正確秤量材料。
□ 在托盤等容器鋪
　烤盤紙。

派皮捲入巧克力 ┄┄┄┄┄┄┄┄┄┄┄┄┄ ► 烘烤 ┄┄┄┄┄►

1

🔲 烤箱預熱至200度

在砧板上輕輕撒些麵粉，將冷凍派皮用擀麵棍擀成22×36 cm、2~3 mm厚。如圖所示，縱切3等份，再斜切成6等份的直角三角形。

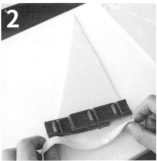

2

把2條巧克力疊放在距離三角形底邊1cm處，拉起派皮慢慢往上捲，最後的收邊朝下擺入烤盤。

3

混合 **A**，刷塗派皮表面。放進200度的烤箱中層或下層烤約15分鐘，烤至表面酥脆。

┄┄┄ **材料 Memo** ┄┄┄
冷凍派皮

用片狀派皮就能做可頌或鹹派。置於常溫下稍微解凍，擀的時候比較容易擀開。

MIKI'S ADVICE

● 板狀巧克力切碎後不好捲，請切成長條狀。
● 表面刷塗加了砂糖的蛋液，烤好會呈現美麗的金黃色。

製作內餡

在小鍋內倒入蘋果和 **A**，以中火加熱約10分鐘，煮至水分收乾。

接著加 **B** 煮滾。

再加入混合好的 **C** 增加稠度，撒入肉桂粉後放涼。

➤ 包春捲皮

在調理碗內放入**D**，用打蛋器拌至滑順。將春捲皮擺成菱形，放上1/6量的**3**，邊緣塗抹**D**，摺疊成寬6×長12 cm的長方形。

難易度 ★☆☆　完成時間 30分　小鍋子 18 cm

蘋果派

**外皮酥脆、內餡濃稠的蘋果派，
用「春捲皮」裹上麵糊就能輕鬆重現！
內餡加入蘋果汁，可以增加稠度。**

材料（6個）

●內餡
蘋果……1個（350g）
A 砂糖……70g
⋮ 水……100ml
B 100%蘋果原汁……150ml
⋮ 檸檬汁……1大匙
C 太白粉、水……各1＋1/2大匙
肉桂粉……1/8小匙

●派皮
春捲皮……6片
D 低筋麵粉……60g
⋮ 水……90ml
麵包粉……6大匙

炸油……適量

前置作業

□ 正確秤量材料。
□ 蘋果去皮和芯，切成5mm丁狀。
□ 將6大匙的麵包粉舀入盤內，每匙分開放。

材料 Memo

春捲皮

春捲皮沾裹麵糊下鍋炸，吃起來就是派皮的口感啊！不必花時間擀薄冷凍派皮，輕鬆完成道地的蘋果派。

MIKI'S ADVICE

● 不包成筒狀，盡可能摺成扁平狀，這樣就能用少量的油炸熟。
● 多裹一些麵糊，少沾一些麵包粉是重點。這麼一來，派皮就不會變得厚重。
● 放入久春捲皮會破掉，包好2個就先快速下鍋炸。
● 用「小火」炸，內餡不會滲出，麵衣很酥脆。

▶ 下鍋炸 ▶

5
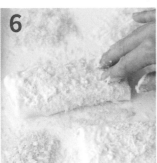
做好2個就放進 **D**，各自沾裹均勻，側面也要沾到。

6

移至放麵包粉的盤內，各撒上1匙量的麵包粉。

7

在小鍋內倒約2 cm高的炸油，以中小火加熱後，放入2個 **6**、轉小火，炸5～6分鐘，過程中不時翻面。最後轉中火炸2～3分鐘，炸至金黃。剩下的4個也是2個一組下鍋炸。

難易度
★★☆

完成時間
2 小時 30 分

微波爐

冷藏室

柳橙果凍

挖出柳橙果肉，注入滿滿果汁的果凍是名店的人氣商品。
在家就能簡單做出，滋味卻很特別！適合當作款待重要客人的點心。

材料（4個）

柳橙……4個（800～900g）
柳橙原汁……200～300ml
砂糖……50g
吉利丁粉（可溶於約80℃液體）……10g
檸檬汁……2小匙
薄荷葉……少許

前置作業

□正確秤量材料。

MIKI'S ADVICE

●挖出柳橙果肉時，小心別挖破果皮！
●如果柳橙果肉不好挖出，用菜刀劃淺淺的切痕就會比較容易取出。
●白色的內皮有苦味，擠果汁前先去除乾淨。
●使用「可溶於約80℃液體」的吉利丁粉，可加速膨脹的時間。若是用可溶於90℃以上液體的吉利丁粉會變得不易凝固。
●柳橙汁全部加熱會讓香氣消失，取少量加熱，加了吉利丁粉再倒回混拌是訣竅。

擠果汁

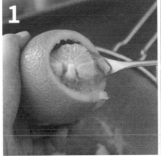

1 柳橙從上方2cm處半切。將篩網置於調理碗內，用湯匙挖出果肉。

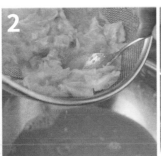

2 去除大塊的白色內皮後，用湯匙按壓放在篩網的果肉，擠出果汁。

3 在果汁中加入柳橙汁，便份量達480ml。

溶解吉利丁粉

4 從3取100ml倒入調理碗內加砂糖，微波（600W）加熱1分30秒，使溫度達約80度。

冷藏凝固

5 接著倒入吉利丁粉，充分混拌。※若未完全溶解，可再次微波加熱。

6 將5倒回3，為避免吉利丁結塊，用打蛋器充分攪拌，再加檸檬汁混拌。

7 把6倒入挖空的柳橙，用湯匙撈除表面泡沫，放進冰箱冷藏2小時以上使其凝固。※若有多餘的果凍液，倒入杯子等容器冷藏。

8 擺薄荷葉做裝飾，蓋上切下來的果皮。將果皮擠汁加進果凍，吃起來更香更多汁。

BEST.11

酵母甜甜圈

因為和麵包一樣使用酵母粉發酵，所以能維持鬆軟口感。
吃起來有一股大人小孩都愛的微甜奶味。

材料（6個）

A 高筋麵粉……200g
　砂糖……40g
　鹽……3g
　酵母粉……4g
　有鹽奶油……20g
牛奶……120ml
炸油……適量
糖粉……適量

前置作業

☐ 正確秤量材料。
☐ 奶油放入耐熱容器，微波（600W）
　加熱約10秒使其軟化。
☐ 牛奶倒入耐熱容器，微波（600W）
　加熱50秒，使其摸起來變溫（約
　40℃）。

**MIKI'S
ADVICE**

● 麵團做法和麵包相同，請參閱p.81。
● 麵團炸過膨脹後，中間的洞會縮小，請挖直
　徑約4 cm的洞。
● 以高溫油炸，外側容易焦掉，麵團膨脹不起
　來。請用小火慢炸，單面炸3分鐘以上。

揉製麵團

1 在調理碗內放入 **A**、倒入牛奶。

2 先用筷子攪拌，再用手揉拌約5分鐘，讓粉類吸收水分變得柔滑。

基礎發酵

3 揉拌成團，整成圓形，包上保鮮膜。加了牛奶的麵團發酵比較費時，冬天約60分鐘，夏天約50分鐘。

4 待麵團膨脹至1.5～2倍大，表面微凸，基礎發酵即完成。用手指沾高筋麵粉在中央戳洞，如果洞沒有馬上回縮，表示狀態OK。

整形

5 用手掌輕輕按壓麵團，壓出空氣。

6 移到砧板上，切成6等份。

7 輕輕拉扯麵團表面往底部收緊，整成圓形。

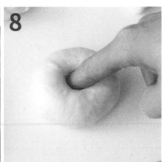

8 底部收口朝下，用手指在中央戳一個洞。

最後發酵

9 把洞拉大成直徑4cm的圓，做成直徑8cm的圈形。

10 將麵團擺在砧板上，蓋上保鮮膜，靜置至表面呈現鼓脹的狀態（冬天放20分鐘，夏天約15分鐘）。最後發酵結束後，先取3個下鍋炸，剩下的3個放進冰箱冷藏，這麼做可延緩發酵。

下鍋炸

11 平底鍋內倒約1cm高的炸油，以大火加熱約1分30秒後，轉小火放入3個麵團。在冒出小氣泡的狀態下，單面各炸3～5分鐘（顏色淺的話，轉中小火再炸約30秒）。接著炸剩下的3個麵團，最後撒上糖粉。

難易度
★★½

完成時間
1 小時
不包含放涼的時間

微波爐

煎蛋捲鍋

BEST.12

年輪蛋糕

用煎蛋捲鍋層層堆疊捲起即完成。
加入打發的蛋白霜，口感溼潤鬆軟相當道地！！

材料（17×14cm的煎蛋捲鍋1把）

有鹽奶油……60g
砂糖……60g
蜂蜜……15g
蛋（M～L）……3顆
香草精……10滴

A 低筋麵粉……75g
高筋麵粉……30g
泡打粉……3g
沙拉油……1＋1/2大匙

前置作業

□正確秤量材料。
□砂糖分成30g和30g。
□取兩個擦乾的調理碗，將
蛋黃和蛋白分開，蛋白放
進冰箱冷藏。
□保鮮膜紙芯依煎蛋捲鍋的
寬度裁剪，包上鋁箔紙，
均勻塗抹沙拉油（材料份
量外）。

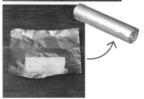

MIKI'S ADVICE

●麵糊倒入煎蛋捲鍋後，
傾斜鍋子，用湯匙將麵
糊均勻抹平。

●抹平麵糊的湯匙會變
燙，請不要用舀麵糊的
大湯匙。

●趁麵糊乾掉之前，放入
保鮮膜紙芯捲起來，這
樣就能緊密貼合。

製作麵糊

1 在調理碗內放奶油，微波（600W）加熱10秒使其軟化，用打蛋器混拌。加入30g的砂糖、蜂蜜充分拌勻。

2 接著加入蛋黃，拌至滑順，再加入香草精混拌。

3 篩入混合的 **A**，用橡皮刮刀輕輕拌至無粉粒的狀態。

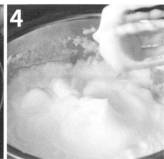

4 從冰箱裡取出蛋白，加一小撮鹽（材料份量外），用手持式攪拌器開高速攪打約30秒，將30g的砂糖分2次加入，攪打至可拉出挺立尖角、有光澤的蛋白霜（約3分鐘）。

▶ 煎第 1 捲

5 取1/3量的蛋白霜加入 **3** 裡，用橡皮刮刀充分拌勻，剩下的蛋白霜分2次加，以切拌的方式拌合。

6 煎蛋捲鍋以中火加熱，用沾了沙拉油的餐巾紙在鍋內塗上薄薄一層油。鍋子變熱後轉小火，倒入3大匙麵糊，傾斜鍋子使麵糊流滿鍋面。

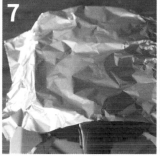

7 用湯匙輕輕抹平麵糊，蓋上鋁箔紙，燜蒸約30秒。

8 待表面出現小孔，趁完全變乾之前，把保鮮膜紙芯擺在上緣。鏟起上緣貼住紙芯慢慢往下捲。

▶ 繼續煎剩下的麵糊

9 邊捲邊煎約1分鐘，起鍋置於盤內。

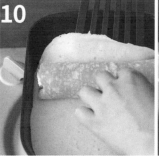

10 再次用餐巾紙在鍋內塗上薄薄一層油，倒入3大匙麵糊，蓋上鋁箔紙燜蒸，將 **9** 的收邊朝下放在上緣。

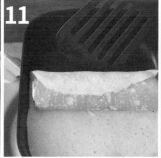

11 鏟起上緣貼住紙芯往下捲，邊捲邊煎約1分鐘，起鍋置於盤內。這樣的步驟重複7～9次。

12 捲完後用保鮮膜包住定形，立著放1小時～1小時30分使其變涼。完全變涼後，抽掉紙芯，依個人喜好切塊。

BEST.13

葉子派

省略包覆奶油、摺疊麵團的步驟，只要把材料冰透就能做出酥脆的葉子派。
就算沒有壓模，用擀麵棍就能把正方形的麵團變成葉子喔！
吃過的人都會問：「這是哪間店買的？」

材料（9片）

低筋麵粉……70g
有鹽奶油……40g
水……20ml
細砂糖……30g

前置作業

- □ 正確秤量材料。
- □ 低筋麵粉過篩倒入入調理碗，放進冰箱冷凍20分鐘以上（調理碗無法放進冰箱的話，將麵粉放入冷凍庫，調理碗放到冷藏室）。
- □ 水倒入容器，放進冰箱冷藏20分鐘以上。
- □ 烤盤內鋪烤盤紙。

放冷凍庫

放冷藏室

MIKI'S ADVICE

- ●將調理碗和麵粉充分冷卻，加入奶油後很快就能搓成沙粒狀，做出酥脆派皮。
- ●「揉」麵團會出筋變硬，拌成團就好。
- ●若是使用小烤箱（1000W），放在鋁箔紙上烤10～12分鐘。過程中發現快烤焦的話，請蓋上鋁箔紙。

製作麵團

1
在耐熱調理碗內放入奶油，微波（600W）加熱10秒，使其變成可用手指壓下去的軟度。

2
取出冷凍的低筋麵粉，立刻加進**1**裡，用手搓成鬆散的沙粒狀。

3
接著加入冰過的水，用手拌成團。

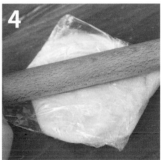

4
取30×30cm的保鮮膜鋪在桌上，麵團放在中央，保鮮膜上下左右往內摺，摺成12×12cm，用擀麵棍擀平麵團，擀成厚度均一。放進冰箱冷凍約15分鐘，讓麵團稍微變硬。

整形

烘烤

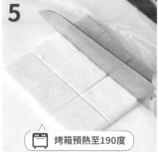

🔲 **烤箱預熱至190度**

5
打開保鮮膜，麵團切成9等份的正方形。

6
另外鋪一張保鮮膜，把麵團擺成菱形，放上約1小匙的砂糖。

7
用擀麵棍上下推開，擀成長13×寬8cm左右。將9片麵團保持一定間隔擺在兩張烤盤紙上（過程中如果麵團變形，先放回冰箱冷藏定型）。

8
用刀背劃出葉脈，先把一張烤盤紙的麵團移入烤盤，放進190度的烤箱下層烤10分鐘，烤至上色。另一張烤盤紙的麵團放進冰箱冷藏，待第一份烤好後再接著烤。

33

焦糖爆米花

遊樂園和電影院的熱賣點心
用平底鍋就做得出來。
放進冰箱冷凍，爆米花就會變得爽脆！

難易度	完成時間 25分		
★☆☆		平底鍋 26 cm	冷凍庫

材料（4人份）

生玉米粒……4大匙（60g）
沙拉油……2大匙
A 水、砂糖……各1大匙
⋮ 牛奶糖……10顆（60g）

前置作業

□ 正確秤量材料。

MIKI'S ADVICE

● 爆玉米粒時，玉米粒會噴很危險，請務必蓋上「鍋蓋」。
● 沾裹焦糖時，中途停下來就不會變脆，一定要炒10分鐘。
● 剩下的爆米花裝入塑膠袋密封，放進冰箱冷凍，這樣就能保持爽脆口感。

爆＋炒 ‥‥‥‥‥‥‥‥‥‥‥‥‥‥‥‥‥‥‥‥► **剝散** ‥‥‥‥‥‥► **冷卻** ‥‥‥‥‥‥‥‥►

1

平底鍋以大火加熱，鍋熱後轉中小火，倒入生玉米粒和沙拉油，蓋上鍋蓋。待玉米粒開始爆裂，散發焦香味，轉為小火。約莫1分鐘後，若無聽到爆裂彈跳聲，起鍋裝盤。

2

平底鍋稍微放涼，倒入**A**以中小火加熱，讓牛奶糖完全融化。接著加入**1**、轉小火，大略混拌約10分鐘，收乾水分。呈現快要變焦的狀態即可關火。

3

將**2**鋪平在烤盤紙上，放涼後輕輕剝散。

4

裝入塑膠袋，放進冰箱冷凍10分鐘使其變硬。吃的時候，如果變得黏手，放回冰箱冷凍就會恢復「爽脆感」。

BEST.15

銅鑼燒

柔軟潤口，滋味柔和的「極品」銅鑼燒。
冰過依然鬆軟，
當作禮物送人，對方收到也會很開心。

材料（8個）

蛋（M）……2顆
水……3大匙
砂糖……70g
味醂……2大匙
A 低筋麵粉……100g
　　泡打粉……6g
沙拉油……1/2小匙
紅豆餡（豆粒或豆沙）……210g

前置作業

□ 正確秤量材料。

使用M尺寸的蛋，加水讓餅皮變得柔軟。
平底鍋先加熱再降溫，之後倒油就能煎出美麗
的色澤。

製作麵糊 ▶ 下鍋煎 ▶ 夾入紅豆餡 ▶

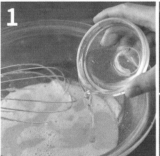

1

把蛋打入調理碗內加水，用打
蛋器充分拌勻，再加入砂糖混
拌，倒入味醂拌一拌。接著篩
入A拌勻。

2

烤箱預熱至180度

平底鍋內倒入沙拉油，以大火
加熱30秒，移置於溼抹布約
30秒使其降溫。用廚房紙巾
擦掉鍋內的油，這麼做會讓餅
皮煎出好看的色澤。

3

舀1＋1/2大匙的**1**倒入鍋中，
以中小火煎約1分30秒，待表
面出現小孔，翻面、轉小火，
煎20～30秒後起鍋。剩下的
麵糊依相同做法煎成餅皮，放
涼後包上保鮮膜。

4

取一塊餅皮，放上30g紅豆
餡，用餐刀抹至邊緣，抹成中
央隆起的狀態，蓋上另一塊餅
皮。剩下的餅皮依相同做法夾
餡，為避免變乾燥，將每個都
包上保鮮膜。

用果汁機簡單做！

咖啡廳的
3 種熱門飲品

自己動手做喜歡的
咖啡廳飲品。
只要使用果汁機就能
做出道地的滋味。

輕鬆享受咖啡廳的味道
咖啡星冰樂

材料（400 ml × 2杯）

A 熱水……2大匙
　砂糖……5大匙
　即溶咖啡粉
　……1＋1/2大匙
牛奶……100ml
冰塊……30個（300g）
巧克力夾心餅乾……1塊
B 鮮奶油……100ml
　砂糖……1/2大匙
巧克力醬……適量

做法

1 將餅乾放入塑膠袋，用擀麵棍大略敲碎。在調理碗內倒入**B**，攪打至可拉出挺立尖角的狀態，填入裝上擠花嘴的擠花袋，放進冰箱冷藏（請參閱p.10）。

2 在容器內倒入**A**，充分攪拌使砂糖和咖啡粉溶解，放進冰箱冷凍約10分鐘。

3 把**2**、冰牛奶和冰塊倒入果汁機打成冰沙，打到一半如果有點卡住，請打開蓋子用湯匙攪散。

4 打好後倒入杯子，擠上**1**的打發鮮奶油，淋些巧克力醬，擺上碎餅乾。

讓抹茶控停不下來的
抹茶星冰樂

材料（400 ml × 2杯）

A 抹茶粉……1＋1/2大匙
　牛奶……150ml
　砂糖……4大匙
　冰塊……30個（300g）
B 鮮奶油……100ml
　砂糖……1/2大匙
抹茶粉（最後裝飾用）……適量

做法

1 在調理碗內倒入**B**，攪打至可拉出挺立尖角的狀態，填入裝上擠花嘴的擠花袋，放進冰箱冷藏（請參閱p.10）。

2 將**A**倒入果汁機打成冰沙，打到一半如果有點卡住，請打開蓋子用湯匙攪散。

3 打好後倒入杯子，擠上**1**的打發鮮奶油，用茶葉篩撒上抹茶粉。

使用製冰盒製作的冰塊即可！份量務必控制在300g。

順口不苦澀！
綠果昔

材料（400 ml × 2杯）

小松菜（日本油菜）……1/2把（100g）
香蕉……1條（150g）
A 原味優格……100g
　水……200ml

做法

1 小松菜切成5 cm長，香蕉剝成5cm長。

2 將**1**和**A**倒入果汁機，攪打至小松菜變成柔滑液狀。打好後倒入杯子，依個人喜好拌入蜂蜜。

小松菜的澀味較少，洗乾淨後不必水煮就能使用。也可用煮過的菠菜。

PART 2

收到的人會很開心！
可以炒熱活動氣氛！！

常溫點心&
正統蛋糕

居家烘焙的糕點不僅耐放，也很適合當作禮物送人。

遇到生日之類的活動，請挑戰看看想做的蛋糕吧！

正統的蛋糕雖然步驟較繁雜，

只要照著順序做，新手也能一次成功。

BAKED SWEETS.1

美式巧克力餅乾

脆硬可口的道地美式餅乾，
用一個調理碗拌一拌烤熟即可！

難易度　完成時間
★☆☆　1 小時

微波爐　烤箱

材料（直徑8cm×12片）

低筋麵粉……200g
有鹽奶油……100g
砂糖……80g
蛋（M～L）……1顆
板狀巧克力……2片（100g）

前置作業

□ 正確秤量材料。
□ 將蛋打散成蛋液，
　取50g備用。
□ 烤盤內鋪烤盤紙。

MIKI'S
ADVICE

● 蛋液加太多，麵團會變黏，請確
　實秤量50g。
● 用橡皮刮刀拌料時，請輕輕「切
　拌」，攪拌會讓麵團變硬。
● 因為麵團沒有冰過才烤，比起酥
　脆，較接近脆硬的口感。

剝碎巧克力 ▶ 製作麵團 ▶ 烘烤

1

把巧克力用手剝成約1 cm的
塊狀。

2

在耐熱調理碗內放入奶油，微
波（600W）加熱15秒，使其
變成可用打蛋器輕鬆壓下去的
軟度。接著加砂糖混拌成乳霜
狀，再加入蛋液拌勻。

3

🔲 烤箱預熱至180度

篩入低筋麵粉，用橡皮刮刀切
拌。待一半的麵粉都拌入後，
加入巧克力輕輕混拌。

4

將麵團分成12等份，壓成直
徑8 cm的圓形，擺入烤盤。
放進180度的烤箱下層烤18～
20分鐘，烤至底部上色，取
出放涼。

壓模餅乾

用各種模型輕鬆壓出可愛造型，
加入可可粉就變成苦甜口味。

難易度
★☆☆

完成時間
1 小時 30 分

微波爐

烤箱

冷凍庫

材料（約25片）

低筋麵粉……100g
有鹽奶油……50g
砂糖……40g
蛋液……半顆蛋的量
（25g）
香草精……5滴

前置作業

□ 正確秤量材料。
□ 烤盤內鋪烤盤紙。
□ 備妥壓模。

●可可麵團的材料

低筋麵粉90g＋無糖可
可粉10g＝100g，不加
香草精。做法相同。

MIKI'S
ADVICE

● 如果麵團變黏，放進冰
箱冷凍，使具精微變
硬，壓模時較易脫模。
● 無法一次烤完的話，剩
下的麵團放進冰箱冷凍
就不會軟化變形。

製作麵團 ⟶ 烘烤 ⟶

1

在耐熱調理碗內放奶油，微波
（600W）加熱10秒，用打蛋
器拌成乳霜狀後，加入砂糖混
拌。蛋液分3次倒入，每次都
要充分拌勻，最後加香草精。

2

篩入低筋麵粉，用橡皮刮刀切
拌。拌至剩下些許粉粒的狀態
後，用手拌成團。

3

🧊 趁麵團放進冰箱時，
將烤箱預熱至170度

將30×30cm的保鮮膜鋪在桌
上，麵團放在中央，保鮮膜的
上下左右往內摺，摺成
12×12cm，用擀麵棍擀平麵
團，擀成厚度均一。放進冰箱
冷凍約20分鐘，讓麵團稍微
變硬。

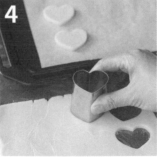

4

打開並攤平保鮮膜，蓋上
30×30cm的保鮮膜，用擀麵
棍擀成4～5mm厚。用壓模
壓出形狀，擺入烤盤。放進
170度的烤箱下層烤12～15
分鐘，烤至底部上色，取出
放涼。

BAKED SWEETS.3

冰箱餅乾

依照圖片的順序製作就能完成。一刀切下，出現漂亮的螺旋圖案。
添加杏仁粉產生酥脆口感，也提升了香氣。

材料（25片）

●原味麵團
A 低筋麵粉……80g
　 杏仁粉……20g
有鹽奶油……50g
砂糖……40g
蛋液……半顆蛋的量（25g）
香草精……5滴

●可可麵團
B 低筋麵粉……70g
　 無糖可可粉……10g
　 杏仁粉……20g
有鹽奶油……50g
砂糖……40g
蛋液……半顆蛋的量（25g）

前置作業

☐ 正確秤量材料。
☐ 烤盤內鋪烤盤紙。

---------- 材料 Memo ----------

杏仁粉

加進麵團會烤出
香酥且花紋清楚
的餅乾。因為風
味容易流失，沒
用完的話請密封
冷凍保存。

　MIKI'S
　ADVICE

●杏仁粉的顆粒較大，比起用粉
　篩過濾，請使用篩孔較大的篩
　網。

●將麵團捲緊後，放進冰箱冷凍
　使其變硬，切片時很好切，螺
　旋花紋也會很明顯。

●因為無法一次烤完，先把一
　半的麵團放進冰箱冷凍，分
　兩次烤。

製作麵團

1 在耐熱調理碗內放入原味麵團的奶油，微波（600W）加熱10秒，用打蛋器拌成乳霜狀，加入砂糖混拌。

2 蛋液分3次倒入，每次加都要充分拌勻，最後加入香草精。

3 篩入混合好的 **A**（不是用粉篩，是用篩網）。

4 用橡皮刮刀切拌，拌至剩下些許粉粒的狀態後，用手拌成團。

▶ 捲起來

5 將30×30cm的保鮮膜鋪在桌上，麵團放在中央，保鮮膜的上下左右往內摺，摺成12×12cm，用擀麵棍擀平麵團，擀成厚度均一。放進冰箱冷凍約20分鐘，讓麵團稍微變硬。

6 依照原味麵團的做法篩入混合的 **B**，製作可可麵團，用保鮮膜包起來，放進冰箱冷凍約20分鐘，讓麵團稍微變硬。

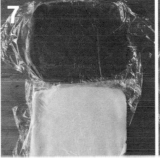

7 打開並攤平保鮮膜，各自蓋上30×30cm的保鮮膜，原味麵團用擀麵棍擀成15×22cm，可可麵團擀成20×22cm。

8 如果麵團變軟了，放回冰箱冷藏使其稍微變硬。把原味麵團攤在可可麵團上，上端空出3cm，下端空出2cm。

▶ 烘烤

9 從下端往上緊密地捲起，不留縫隙。

10 最後的收邊用手指按壓貼合，整成圓柱形。用保鮮膜包起來，放進冰箱冷凍約20分鐘，讓麵團變硬。

> 趁麵團放進冰箱時，將烤箱預熱至170度

11 麵團切成8mm厚，取一半的量保持一定間隔擺入烤盤（剩下的麵團放進冰箱冷藏）。放進170度的烤箱下層烤20分鐘，烤至底部上色，取出放涼。剩下的麵團也是相同烤法。

原味磅蛋糕

用微波爐加熱融化奶油，省時省事。
使用家中現有的材料，想做的時候就能做！
學會怎麼做原味磅蛋糕後，不妨試試加入香蕉或蔬菜的變化口味。

難易度
★☆☆

完成時間
1 小時
不包含放涼的時間

 微波爐

 烤箱

材料
（8×18×高5cm的
磅蛋糕模1個）

A低筋麵粉……120g
　泡打粉……2g
有鹽奶油……100g
砂糖……100g
蛋（M～L）……2顆
香草精……10滴

前置作業

□ 正確秤量材料。
□ 調理碗內倒入等量的熱水和水，把蛋放進碗中浸泡5分鐘，使其恢復至常溫（請參閱p.18）。
□ 備妥鋁製磅蛋糕模。

●馬口鐵磅蛋糕模

將烤盤紙照著烤模裁切，貼著烤模做出摺痕，在四處切開後放入烤模中。

MIKI'S ADVICE

● 奶油微波加熱至完全融化較易拌成麵糊，做成奶油風味豐富潤口的蛋糕。

● 常溫可保存1～2天，之後放進冰箱冷藏。要吃的時候，1塊蛋糕微波（600W）加熱約20秒就會恢復現烤的美味。

● 可使用2倍份量的材料同時製作2條蛋糕。奶油請微波加熱1分20秒～30秒使其融化。烤的時間不變。

● 若是用馬口鐵磅蛋糕模，烤好後連同烤盤紙取出放涼。

製作麵糊

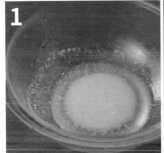

1 在耐熱調理碗內放奶油，微波（600W）加熱40～50秒，使其完全融化。

2 烤箱預熱至180度

接著加入砂糖，用打蛋器充分拌勻，再加入蛋、香草精混拌。

3 篩入混合好的 A。

4 用橡皮刮刀輕輕翻拌至無粉粒狀態。

烘烤

5 麵糊倒入烤模後，拿起烤模從距離桌面10cm的高度輕輕往下摔3次，排出多餘空氣。用竹籤在麵糊中繞3圈，使麵糊均勻分布。

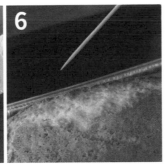

6 放進180度的烤箱下層烤30～35分鐘。用竹籤插入中心，若無沾黏麵糊即完成。靜置放涼約1小時，脫模切片。

ARRANGE

豪邁加入 2 條香蕉！
香蕉磅蛋糕

材料
（8×18× 高 5cm 的
磅蛋糕模 1 個）

A低筋麵粉……150g
　泡打粉……2g
有鹽奶油……100g
砂糖……80g
蛋（M～L）……2顆
香草精……10滴
香蕉……2條（300g）

做法

在步驟4拌完A後，加入用叉子稍微壓爛的香蕉混拌，後續步驟皆相同。

43

南瓜磅蛋糕

**因為加了帶皮的南瓜，
口感豐富、營養滿分！**

難易度	完成時間 1 小時		
★☆☆	 不包含放涼的時間	 微波爐	 烤箱

材料
（8×18×高5cm的
磅蛋糕模1個）

A 低筋麵粉……100g
　泡打粉……6g
有鹽奶油……100g
砂糖……100g
蛋（M～L）……2顆
南瓜……1/8個（200g）

前置作業

□ 正確秤量材料。
□ 南瓜連皮切成
　2cm塊狀。
□ 調理碗內倒入等
　量的熱水和水，
　把蛋放進碗中浸
　泡5分鐘，使其
　恢復至常溫（請
　參閱 p.18）。
□ 備妥鋁製磅蛋糕
　模（p.43）。

MIKI'S ADVICE

●因為南瓜有重量，增加泡打粉的量才能烤
　出蓬鬆的蛋糕。
●常溫可保存1～2天，之後放進冰箱冷藏。
　要吃的時候，1塊蛋糕微波（600W）加熱
　約20秒就會恢復現烤的美味。

製作麵糊 ──────────────────────────▶ 烘烤 ──────────▶

1 在耐熱調理碗內倒入南瓜和1小匙水，輕輕覆蓋保鮮膜，微波（600W）加熱4～5分鐘使其變軟後，用叉子壓碎。

2 在另一個耐熱調理碗內放入奶油，微波（600W）加熱40～50秒，使其完全融化。接著依序加砂糖、蛋充分拌勻，再加1的南瓜混拌。

3 篩入混合好的A，用橡皮刮刀輕輕翻拌。

烤箱預熱至180度

4 麵糊倒入烤模後，拿起烤模從距離桌面10cm的高度輕輕往下摔3次，排出多餘空氣。用竹籤在麵糊中繞3圈，使麵糊均勻分布。放進180度的烤箱下層烤35～40分鐘。靜置放涼約1小時，脫模切片。

菠菜磅蛋糕

討厭菠菜的人也敢吃！
使用一整把，切面呈現美麗的綠色。

難易度	完成時間 1 小時		
★☆☆	不包含放涼的時間	微波爐	烤箱

材料
（8×18×高5cm的
磅蛋糕模1個）

A 低筋麵粉……120g
　泡打粉……4g
有鹽奶油……100g
砂糖……100g
蛋（M～L）……2顆
菠菜……1把（200g）

前置作業

□ 正確秤量材料。
□ 菠菜洗乾淨，切
　成2cm長。
□ 調理碗內倒入等
　量的熱水和水，
　把蛋放進碗中浸
　泡5分鐘，使其
　恢復至常溫（請
　參閱p.18）。
□ 備妥鋁製磅蛋糕
　模（p.43）。

MIKI'S
ADVICE

● 若果汁機在攪打過程中有點卡住，請用湯匙攪拌。
● 若家中沒有果汁機，將菠菜切成1～2mm的碎末也能做出美味的蛋糕。
● 可常溫保存1～2天，之後放進冰箱冷藏。要吃的時候，1塊蛋糕微波（600W）加熱約20秒就會恢復現烤的美味

製作麵糊 ────────────────── ▶ 烘烤 ──────

1
菠菜用熱水煮約2分鐘，煮至變軟後，撈出擠乾水分。將蛋和菠菜放入果汁機，攪打1～2分鐘打成液狀。

2
在耐熱調理碗內放入奶油，微波（600W）加熱40～50秒，使其完全融化。

3
🔲 烤箱預熱至180度
接著加入砂糖，用打蛋器充分拌勻，再加1混拌。篩入混合的 A，用橡皮刮刀輕輕翻拌。

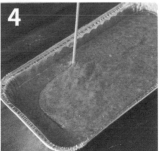
4
麵糊倒入烤模後，拿起烤模從距離桌面10cm的高度輕輕往下摔3次，排出多餘空氣。用竹籤在麵糊中繞3圈，使麵糊均勻分布。放進180度的烤箱下層烤35～40分鐘。靜置放涼約1小時，脫模切片。

胡蘿蔔蛋糕

加入一根連皮磨碎的胡蘿蔔，營養豐富的美味蛋糕。
胡蘿蔔的獨特氣味消失，不敢吃胡蘿蔔的孩子也說「好甜好好吃」，大受歡迎！
使用沙拉油讓口感變得鬆軟輕盈，放到隔天也不會變得乾硬。

難易度
★☆☆

完成時間
1 小時

不包含放涼的時間

烤箱

材料
（直徑18 cm的圓形蛋糕模1個）

●蛋糕麵糊
A 低筋麵粉……200g
　　泡打粉……8g
胡蘿蔔……1根（180g）
蛋（M〜L）……2顆
砂糖……100g
沙拉油……80g

●打發鮮奶油
B 鮮奶油……100ml
　　砂糖……15g

前置作業
□正確秤量材料。
□在 蛋糕模底部鋪1張圓形（直徑18cm）烤盤紙，側面鋪2張條狀（6×30cm）烤盤紙。

MIKI'S ADVICE

●胡蘿蔔皮下富含β胡蘿蔔素，請洗乾淨連皮使用！
●若用奶油取代沙拉油，奶油為100g，微波（600W）加熱40〜50秒使其融化，在步驟3加入，後續做法皆同。
●若使用磅蛋糕模，烘烤時間是1小時，瑪芬模（8個）是25〜30分鐘。

製作麵糊

1
胡蘿蔔連皮磨碎。

2
把蛋打入調理碗內加砂糖，用打蛋器混拌至變白。

烤箱預熱至180度

3
逐次少量地加入沙拉油，拌至柔滑。

4
篩入混合的 A，用橡皮刮刀輕輕切拌。

▶ 烘烤

5
將胡蘿蔔連同汁液加進碗內，輕輕翻拌至均勻的柔滑狀。

6
麵糊倒入烤模後，拿起烤模從距離桌面10cm的高度輕輕往下摔3次，排出多餘空氣。用竹籤在麵糊中繞3圈，使麵糊均勻分布。放進180度的烤箱下層烤35〜40分鐘。

7
用竹籤刺入中心，若無沾黏麵糊即完成。若有沾黏，再烤5分鐘。

8
拿起烤模從距離桌面略高處輕輕往下摔2次，排出熱氣。倒扣烤模取出蛋糕，靜置放涼約1小時。在調理碗內倒入 B，攪打至可拉出微彎尖角的狀態，放在切好的蛋糕上。

BAKED CAKE.5

瑪德蓮

奶油香氣濃郁，滋味豐潤。
用紙模就能烤，
也可當作小小伴手禮。

難易度	完成時間 40分		
★☆☆		微波爐	烤箱

材料（底部直徑7.5cm的瑪德蓮模8個）

A 低筋麵粉……150g
　泡打粉……5g
有鹽奶油……150g
砂糖……150g
蛋（M～L）……3顆

前置作業

□正確秤量材料。
□將蛋打散成蛋液。
□備妥瑪德蓮模。

MIKI'S ADVICE
● 隔天要吃的時候，微波（600W）加熱約20秒就會恢復現烤的美味。
● 用烤盤紙包起來、打上蝴蝶結，就是體面大方的伴手禮。

製作麵糊 ----------------------→ **烘烤** ----------------→

1

在耐熱調理碗內放入奶油，微波（600W）加熱40～50秒，使其完全融化。接著加入砂糖，用打蛋器攪拌至變白。蛋液分2次倒入，每次加都要混拌。

2

 烤箱預熱至180度

篩入混合好的 A，拌至滑順。

3

將瑪德蓮紙模擺入烤盤，舀入8分滿的麵糊。稍微提起紙模兩側輕輕往下摔3次，使麵糊均勻分布。放進180度的烤箱下層烤20分鐘，取出紙模，靜置放涼。

BAKED CAKE.6

費南雪

不需要煮焦化奶油，
用微波爐加熱融化的簡單做法，
味道不輸店家喔！

難易度	完成時間 40 分		
★☆☆	◐	微波爐	烤箱

材料（5個）

有鹽奶油……40g
蛋白……1顆蛋的量
（30～40g）
砂糖……30g
A 杏仁粉……20g
　低筋麵粉……15g

前置作業

□ 正確秤量材料。
□ 製作烤模（請參閱右文）。

鋁箔紙裁成25×16cm，四邊各往內摺2cm×2次，抓出4個直角，做成17×8×高2cm的烤模。

MIKI'S ADVICE

● 可使用之前剩下的冷凍蛋白（請參閱p.10）。
● 鋁箔紙烤模遇熱後，底部可能會隆起，但不影響味道或外觀。也可用瑪德蓮模製作。
● 用鋁箔紙包起來，放進冰箱冷藏或冷凍保存。要吃的時候，用小烤箱（1000W）加熱3分鐘。

製作麵糊 ┈┈┈┈┈┈┈┈┈┈┈┈┈┈┈┈┈┈┈┈┈┈┈┈┈┈┈ ▶ 烘烤

1

在耐熱調理碗內放奶油，微波（600W）加熱約40秒，使其完全融化、冒出小泡。

2

🔲 烤箱預熱至190度

在另一個調理碗內倒入蛋白，用打蛋器輕輕攪拌，再加入砂糖混拌。

3

接著篩入混合好的 **A**（不是用粉篩，是用篩網），用打蛋器拌至無粉粒狀態，加入**1**的奶油液拌勻。

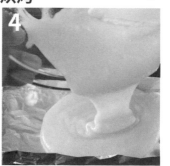

4

將烤模擺入烤盤、倒麵糊，放進190度的烤箱下層烤15～18分鐘。烤至表面上色後，用竹籤刺入中心，若無沾黏麵糊即完成。取出烤模，靜置放涼後切塊。

難易度 ★★★

完成時間
1 小時 50 分
不包含放涼的時間

烤箱或平底鍋

冷藏室

BAKED CAKE.7

草莓鮮奶油蛋糕

放到隔天依然鬆軟，值得一做再做的鮮奶油蛋糕。
蛋黃和蛋白分開打發，加入泡打粉，第一次做也能成功烤出蓬鬆柔軟的蛋糕喔！

材料（直徑18cm的圓形蛋糕模1個）

●蛋糕麵糊
蛋（M～L）……3顆
砂糖……90g
A 沙拉油、水……各2大匙
香草精……5滴
B 低筋麵粉……90g
泡打粉……3g

●裝飾奶油
C 鮮奶油……300ml
砂糖……40g
香草精……5滴
草莓……1盒

前置作業

☐ 正確秤量材料。

☐ 麵糊的砂糖分為45g＋45g。

☐ 取兩個擦乾的調理碗，各自放入蛋黃和蛋白，蛋白放進冰箱冷藏。

☐ 在蛋糕模底部鋪1張圓形（直徑18cm）烤盤紙，側面鋪2張條狀（6×30cm）烤盤紙。

 MIKI'S ADVICE

● 蛋白碰到水或油會變得不易打發。用手持式攪拌器攪打蛋黃後，洗乾淨擦乾再攪打蛋白。

● 蛋白加「鹽」打出來的蛋白霜不易消泡。

● 裝飾用的草莓塗抹鏡面果膠（請參閱p.65）會產生光澤感。

● 使用相同材料，也能像p.52的巧克力蛋糕一樣用平底鍋燜烤。

製作麵糊

1
在放蛋黃的調理碗內加入45g砂糖和 **A**，用手持式攪拌器高速攪打約5分鐘，打成變白的稠狀。

2
篩入混合後的 **B**，用打蛋器從底部撈起翻拌，拌至無粉粒狀態。

3
烤箱預熱至180度
從冰箱取出蛋白，加1小撮鹽（材料份量外），用手持式攪拌器高速攪打約30秒，將45g的砂糖分2次加，打成有光澤、可拉出挺立尖角的蛋白霜（總共約3分鐘）。

4
把1/3的蛋白霜加進**2**裡充分混拌，拌至滑順。

烘烤

5
剩下的蛋白霜分2次加，用橡皮刮刀混拌。拌的時候，先將蛋白霜和上層的麵糊稍微拌合，再從底部撈起輕輕翻拌。

6
倒入烤模，用竹籤在麵糊中繞3圈，使麵糊分布均勻，放進180度的烤箱下層烤25～30分鐘。用竹籤插入中心，若有沾黏麵糊再烤5分鐘。

7
拿起烤模從距離桌面略高處輕輕往下摔2次，排出熱氣，立刻倒扣烤模取出蛋糕，靜置放涼約1小時。

裝飾

8
在調理碗內倒入 **C**，攪打至可拉出微彎尖角的狀態，放進冰箱冷藏至蛋糕變涼。草莓切除蒂頭，留下10顆做裝飾，其他切成均厚的3等份。

9
蛋糕對半橫切。在蛋糕側面的等高位置插入8根牙籤，刀面貼著牙籤橫切就不會失敗。

10
將1片蛋糕切面朝上置於轉台（或砧板），用抹刀取1/6量的打發鮮奶油抹平後，擺上切片的草莓，再塗抹1/6量的打發鮮奶油。

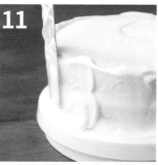

11
接著放上另1片蛋糕，塗抹大量的打發鮮奶油。剩下的鮮奶油再次打發，填入裝上擠花嘴的擠花袋（請參閱p.10），擠上奶油、放草莓做裝飾。放進冰箱冷藏1小時以上（建議最好冰3小時）。

難易度　★★★

完成時間
2小時30分
不包含放涼的時間

平底鍋26cm
或烤箱

冷藏室

BAKED CAKE.8

巧克力蛋糕

可可海綿蛋糕塗上巧克力奶油，巧克力控的最愛！
把平底鍋當作烤箱，蒸烤出鬆軟水潤的口感。

材料（直徑18cm的圓形蛋糕模1個）

●蛋糕麵糊
蛋（M～L）……3顆
砂糖……90g
A 沙拉油、水……各2大匙
　香草精……2滴
B 低筋麵粉……80g
　無糖可可粉……10g

●裝飾奶油
C 鮮奶油……300ml
　巧克力糖漿……120ml
　無糖可可粉……25g
　砂糖……30g
板狀巧克力……1片（50g）
無糖可可粉……適量

前置作業

□正確秤量材料。
□麵糊的砂糖分為45g＋
　45g。
□取兩個擦乾的調理碗，各
　自打入蛋黃和蛋白，蛋白
　放進冰箱冷藏。
□在蛋糕模底部鋪1張圓形
　（直徑18cm）烤盤紙，側
　面鋪2張條狀（6×30cm）
　烤盤紙。
□煮一鍋熱水（約1公升）。

MIKI'S
ADVICE

●滾水噴入烤模會影響蛋糕
的膨脹，請使用固底蛋糕
模製作。

●為避免水蒸氣進入烤模，
請注意鋁箔紙是否完整無
破洞。

●加了巧克力糖漿的鮮奶油
較易打發，請用手持式攪
拌器低速攪打。

●使用相同材料，也能像p.50
的草莓鮮奶油蛋糕一樣用
烤箱烘烤。

製作麵糊

1 在放蛋黃的調理碗內加45g砂糖和 **A** ，用手持式攪拌器高速攪打約5分鐘，打成變白的稠狀。

2 篩入混合後的 **B** ，用打蛋器從底部撈起翻拌，拌至無粉粒狀態。

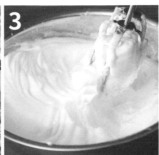

3 從冰箱取出放蛋白的調理碗，加1小撮鹽（材料份量外），用手持式攪拌器高速攪打約30秒，將45g的砂糖分2次加，打成有光澤、可拉出挺立尖角的蛋白霜（總共約3分鐘）。

4 把1/3的蛋白霜加進 **2** 裡，用橡皮刮刀拌至柔滑。

▶蒸烤

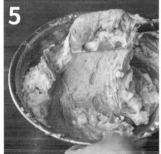

5 剩下的蛋白霜分2次加，拌的時候先將蛋白霜和上層的麵糊稍微拌合，再從底部撈起輕輕翻拌。

6 倒入烤模，用竹籤在麵糊繞3圈，使麵糊分布均勻。

7 用2張25×25cm的鋁箔紙蓋住烤模，以橡皮筋固定，為避免滾水噴入，將鋁箔紙邊緣向上反摺。

8 烤模放入鋪了布巾的平底鍋，將滾水倒至烤模高度的一半。蓋上鍋蓋，為防止水蒸氣外漏，用筷子堵住鍋蓋上的小孔，以小火蒸烤50～55分鐘。過程中如果水變少，請加水。

▶裝飾

9 用竹籤插入中心，若無沾黏麵糊即完成。若有沾黏麵糊再蒸5分鐘。拿起烤模從距離桌面略高處輕輕往下摔2次，倒扣烤模取出蛋糕，靜置放涼約1小時。

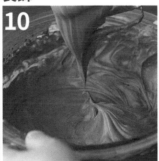

10 在調理碗內倒入 **C** ，用手持式攪拌器低速攪打至可拉出微彎尖角，放進冰箱冷藏至蛋糕變涼。

11 蛋糕對半橫切（請參閱p.51），將1片蛋糕切面朝上置於轉台（或砧板），用抹刀取1/4量的巧克力奶油抹平後，蓋上另1片蛋糕，大量塗抹剩下的巧克力奶油。

12 把稍微變軟的板狀巧克力用刀削成細屑擺在蛋糕中央，用茶葉篩撒上可可粉，放進冰箱冷藏1小時以上（建議最好冰3小時）。

傳遞心意的
生日
巧克力插牌

用板狀巧克力和巧克力筆
就能做出蛋糕上的巧克力插牌。
配合節日或活動，
在插牌的形狀或文字發揮創意吧。

1 用鉛筆在烤盤紙上畫一個大愛心，翻到背面。

2 鍋內倒2杯熱水煮滾，再加2杯水，使溫度變成約50度。將1片板狀白巧克力剝成小塊放入耐熱容器，隔水加熱約5分鐘，溶化至柔滑狀。

3 攪拌數次、稍微放涼後，舀到畫在烤盤紙上的愛心，用竹籤均勻抹平。提起烤盤紙，輕輕往下摔2～3次整平表面，放進冰箱冷藏約1小時使其凝固。

4 在耐熱杯內倒熱水，放入巧克力筆使其軟化，用剪刀剪掉前端，在愛心上寫字。放回冰箱冷藏，變硬後插在蛋糕上。

讓切面美麗的
蛋糕切法

只要把菜刀加熱，
刀面的熱度會讓鮮奶油融化，
順利下刀切出漂亮的切面。
重點是每切一塊就要擦一次刀子！

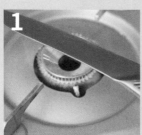

1 用爐火加熱刀面。若是電磁爐，在耐熱碗內倒入熱水，放入菜刀加熱。

2 用擰乾的抹布擦拭刀的兩面，刀面溫度摸起來接近皮膚溫度即可。

3 從蛋糕的正上方下刀，慢慢地前後推移刀面，以免壓扁蛋糕體。切完一塊先擦掉刀上的奶油，再切下一塊。這麼做，切出來的每塊蛋糕都會很漂亮。

1歲的生日蛋糕

把鬆餅粉麵糊
微波加熱的輕鬆食譜。
可以做成直徑7cm的三層蛋糕。

難易度	完成時間 40分		
★☆☆		微波爐	冷藏＋冷凍

材料
（直徑7.5×高4.5cm
的小烤盅3個＋裝飾）

●麵糊
A 鬆餅粉……150g
﹕砂糖……15g
﹕牛奶……100ml
﹕蛋（M～L）……1顆
●裝飾
原味優格……200g
砂糖……10g
草莓、小饅頭……各6個

前置作業
□ 正確秤量材料。
□ 5個草莓切成
　 8mm丁狀。
□ 在小烤盅的底部
　 和側面鋪烤盤
　 紙，側面的烤盤
　 紙超出約2cm。

MIKI'S ADVICE

●剩下的2個可當作蒸糕吃，或是用保鮮膜
　包好，放進冰箱冷凍保存。
●用希臘優格取代鮮奶油。優格加熱會乳清
　分離，請縮短瀝水的時間。
●1歲小朋友的建議攝取量為1/5～1/4份。

瀝乾優格的水分 ▶ **蒸烤麵糊** ▶ **裝飾**

1

將優格放入耐熱容器，直接微波加熱1分30秒。把鋪了2張廚房紙巾的篩網放進調理碗，優格倒入篩網靜置10分鐘。輕輕擠壓、瀝乾水分，加砂糖混拌，放進冰箱冷凍約20分鐘後，移至冷藏室。

2

在調理碗內倒入**A**，用打蛋器混拌，取1/3的麵糊倒入小烤盅。用竹籤在麵糊繞3圈，使麵糊均勻分布，直接微波（600W）加熱1分～1分30秒，使麵糊變成不會沾黏竹籤的狀態。

3

接著包上保鮮膜，靜置約20分鐘。依相同做法完成剩下的2個小烤盅。放涼後拿掉烤盤紙，切除凹凸不平的表面，切成均厚的3等份。

4

將草莓丁（3顆的量）和2/3的優格混拌，在第1片蛋糕上放一半的量，蓋上第2片蛋糕再放剩下的一半，蓋上第3片蛋糕，塗抹剩下的優格，把剩下的草莓丁放在表面和側面做裝飾。最後放小饅頭，中央擺上1顆草莓。

難易度　★★☆

完成時間
45 分
不包含放涼的時間

烤箱　冷藏室

蛋糕捲

蛋黃和蛋白不分開的全蛋打發法，做出來的蛋糕鬆軟溼潤。搭配加了煉乳的奶油超對味！
使用家中既有的簡單材料，成品的味道有如高級甜點店。

材料（25×30cm的烤盤1個）

●蛋糕麵糊
蛋（M～L）……3顆
砂糖……70g
低筋麵粉……50g
香草精……3滴
●打發鮮奶油
A 鮮奶油……200ml
　砂糖……10g
　煉乳……15g

前置作業

□ 正確秤量材料。
□ 調理碗內倒入等量的熱水和水，把蛋放進碗中浸泡5分鐘，使其恢復至常溫（請參閱p.18）。
□ 製作烤模（請參閱右文）。

烤盤紙裁成30×35cm，四邊各往內摺2.5cm做出直角，交疊處的三角形摺往側面，做成25×30cm的烤模。鋪入烤盤空出來的部分塞入捲成棒狀的鋁箔紙。

 MIKI'S ADVICE

● 蛋糕捲的蛋糕體很重要！加麵粉後，藉由充分混拌消除大氣泡，就能做出細緻的蛋糕體。

● 捲蛋糕時，斜切蛋糕的上端，保留約3cm不塗抹打發鮮奶油，捲好的蛋糕會很漂亮。

製作麵糊

1

烤箱預熱至180度

把蛋打入調理碗，充分攪散後加入砂糖。

2

用手持式攪拌器高速攪打3～4分鐘，撈起蛋液呈現緩緩流下形成摺痕的狀態，再加入香草精混拌。

3

將低筋麵粉分5～6次篩入，每次都要用橡皮刮刀快速切拌。拌的時候，邊轉動調理碗，邊從底部撈起翻拌。

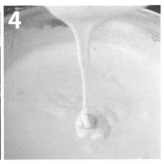

4

麵粉全部拌入後，持續拌5分鐘，使麵糊產生光澤，變成約3/4的量，撈起呈現緩緩流下的絲帶狀即OK。

烘烤　　　　　　　　　　　　　　　　　　　　　　　　　▶ 製作鮮奶油

5

將麵糊倒入烤模，用橡皮刮刀抹平，如圖所示，讓麵糊均勻分布至四個角落。

6

拿起烤盤從距離桌面3cm的高度輕輕往下摔2～3次，排出多餘空氣，放進180度的烤箱下層烤10～12分鐘。烤至表面變成褐色、膨脹至約2cm高即完成。

7

取出烤模從距離桌面10cm的高度輕輕往下摔，排出熱氣，防止回縮。靜置放涼約10分鐘。

8

在調理碗內倒入 **A**，用手持式攪拌器低速攪打至可拉出挺立尖角的狀態。

翻面　　　　　▶ 捲起來

9

將**7**蓋上新的烤盤紙後翻面，撕掉原本的烤盤紙。斜切上端（左右兩邊若有凹痕，稍微切掉修邊）。

10

蛋糕下端（靠近自己這一側）的打發鮮奶油塗厚一些，越往上塗越薄，上端保留3cm不塗。

11

連同烤盤紙往上捲約9 cm，捲成U字形，稍微握緊使蛋糕定型。

12

把U字部分翻捲至中心，最後的捲邊朝下，連同烤盤紙裝入塑膠袋，放進冰箱冷藏1小時以上（建議最好冰3小時）。

難易度
★★★

完成時間
1 小時 20 分
不包含放涼的時間

烤箱

冷藏室

BAKED CAKE.11

戚風蛋糕

只要使用四顆蛋，加上泡打粉就能成功。
是款口感絲滑輕盈，不易回縮扁塌的彈潤蛋糕。

材料（直徑17cm的戚風蛋糕模1個）

蛋（M～L）……4顆
砂糖……80g
沙拉油……40ml
水……70ml
A 低筋麵粉……80g
⋮ 泡打粉……3g
B 鮮奶油……100ml
⋮ 砂糖……15g

前置作業

☐ 正確秤量材料。
☐ 將砂糖分成40g＋40g。
☐ 取兩個擦乾的調理碗，
　將蛋黃和蛋白分開，蛋
　白放進冰箱冷藏。

☐ 備妥戚風蛋糕模（或是用拋
　棄式蛋糕紙模）。

 MIKI'S ADVICE

● 蛋白加少許的鹽是蛋白
霜不易消泡的訣竅，還
能加快打發的速度，非
常推薦！

● 戚風蛋糕剛出爐就脫模
容易凹縮，至少要靜置3
小時（建議最好放6小
時），使其完全變冷。

製作麵糊

1 在放蛋黃的調理碗內加入40g砂糖，用打蛋器充分混拌後，加入沙拉油拌勻，再加水充分混合。

2 篩入混合後的 **A**，用打蛋器從底部撈起翻拌，拌至無粉粒狀態。

烤箱預熱至170度

3 從冰箱取出放蛋白的調理碗，加1小撮鹽（材料份量外），用手持式攪拌器高速攪打約30秒，將40g的砂糖分2次加，打成有光澤、可拉出挺立尖角的蛋白霜（總共約3分鐘）。

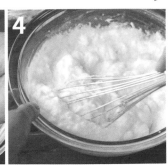

4 把1/3量的蛋白霜加進**2**裡充分混拌，拌至柔滑。

烘烤　　▶ 放涼

5 剩下的蛋白霜分2次加，用橡皮刮刀混拌。拌的時候，先將蛋白霜和上層的麵糊稍微拌合，再從底部撈起翻拌。若有結塊，用竹籤攪拌。

6 倒入烤模，用竹籤在麵糊繞3圈，使麵糊分布均勻，放進170度的烤箱下層烤約40分鐘。

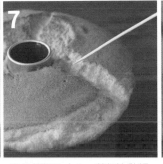

7 用竹籤插入中心，若無沾黏麵糊即完成。

8 為防止蛋糕塌陷，烤模倒扣插在瓶子上，靜置放涼約1小時。拿起烤模，再靜置2小時以上（建議最好放5小時）。

脫模

9 把抹刀從烤模內側插至底部，沿著烤模輕輕上下移動繞1圈（若使用拋棄式紙模，直接撕掉紙模即可）。

10 用竹籤從中央的圓筒外側插至底部繞1圈。

11 取下烤模的側面，將刀面插入底部繞1圈，取下烤模的底盤。在調理碗內倒入 **B**，攪打成可拉出微彎尖角的打發鮮奶油，擺在切塊的蛋糕旁。

BAKED CAKE.12

難易度
★★☆

完成時間
1 小時 20 分
不包含降溫後
冷藏的時間

微波爐　烤箱　冷藏室

舒芙蕾起司蛋糕

隔水加熱蒸烤，吃起來鬆軟水潤。
加入打發的蛋白霜，綿密化口！
在蛋糕模底部鋪十字交叉的烤盤紙，脫模時可俐落取出。

材料
（直徑18cm的固底圓形蛋糕模 1個）

奶油乳酪……200g
砂糖……70g
蛋（M～L）……3顆
牛奶……80ml
低筋麵粉……40g

奶油（塗模用）……5g

前置作業

□ 正確秤量材料。
□ 將砂糖分成35g＋35g。
□ 取兩個擦乾的調理碗，將蛋黃和蛋白分開，蛋白放進冰箱冷藏（請參閱p.58）。
□ 把2張條狀（30×5cm）烤盤紙十字交叉鋪在蛋糕模底部。接著在底部鋪1張圓形（直徑18cm）烤盤紙，側面鋪2張塗上薄薄奶油（微波加熱使其軟化）的條狀（6×30cm）烤盤紙。
□ 煮一鍋熱水（約1公升）。

 MIKI'S ADVICE

● 活底蛋糕模會進水，不適合使用。
● 蛋糕沾黏到烤模側面容易裂開，鋪在側面的烤盤紙請塗抹奶油。

製作麵糊

1
在耐熱調理碗內放奶油乳酪，微波（600W）加熱20～30秒使其軟化，用打蛋器拌至柔滑。

2
接著依序加入35g的砂糖、蛋黃、牛奶，每次加都要充分拌勻。

3
篩入低筋麵粉，拌至無粉粒狀態。

4
🔥 烤箱預熱至150度

從冰箱取出放蛋白的調理碗，加1小撮鹽（材料份量外），用手持式攪拌器高速攪打約30秒，將35g的砂糖分2次加，打成有光澤、可拉出挺立尖角的蛋白霜（總共約3分鐘）。

► 烘烤

5
把1/3的蛋白霜加進 **3** 裡充分混拌，用打蛋器拌至柔滑。剩下的蛋白霜分2次加，用橡皮刮刀從底部撈起切拌，拌至無結塊狀態。

6
倒入烤模，用竹籤在麵糊中繞3圈，使麵糊分布均勻。

7
烤模放在托盤裡、擺入烤盤，將滾水倒入托盤至烤模高度的1/3。放進150度的烤箱下層烤50～60分鐘，烤到用竹籤插入中心無沾黏麵糊後，留在烤箱內靜置約20分鐘，利用餘溫燜烤。

8
取出烤盤，拿掉托盤，靜置放涼約30分鐘。放進冰箱冷藏約3小時，拉出十字交叉的烤盤紙，取出蛋糕。

BAKED CAKE.13

難易度 ★★☆

 完成時間
1 小時 45 分
不包含放涼的時間

 平底鍋 26 cm

 冷藏室

千層蛋糕

夾入色彩繽紛的水果和鮮奶油，堆疊成9層。
蛋奶香十足，柔軟薄嫩的千層蛋糕，
有彈性不易破，煎的時候翻面很輕鬆！

材料（直徑26cm的平底鍋1把）

●餅皮麵糊
低筋麵粉……200g
砂糖……40g
牛奶……450ml
蛋（M～L）……3顆
香草精……12滴

沙拉油……1大匙

●裝飾
A鮮奶油……600ml
┊砂糖……80g
香蕉……3條
奇異果……3個
桃子罐頭……1罐（淨重240g）

前置作業

□正確秤量材料。
□將蛋打散成蛋液。

MIKI'S
ADVICE

●煎餅皮時，以中小火煎至上色。如果覺得快變焦了，先轉為小火。
●水果可依個人喜好使用。厚度一致，整體的高度也會一致。
●煎得最漂亮的餅皮放在最上層。
●為避免切塊時變形，請先放進冰箱充分冷藏。

Q 可以捲成可麗餅的形狀嗎？

A 對摺捲起來，捲成圓錐狀。

把喜歡的配料放在餅皮上半部中央的1/3處，從下往上對摺，從旁邊捲起來，捲成圓錐狀。

製作麵糊 ▶ 烘烤

1
在調理碗內篩入低筋麵粉、加入砂糖，用打蛋器充分拌勻，接著逐次少量地加牛奶，拌至柔滑。

2
再加入蛋液和香草精拌合。

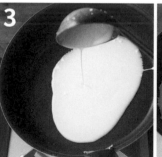

3
用沾了沙拉油的廚房紙巾在平底鍋內塗抹薄薄一層油，以中小火加熱，用湯勺舀1匙（80g）麵糊倒入鍋中，隨即搖晃鍋子，使麵糊擴開成圓形。

4
煎40秒～1分鐘，鍋鏟從餅皮下方推至中央。

▶ 組裝收尾 ────────────────────────►

鏟起餅皮翻面,煎20～40秒,起鍋盛盤。依照步驟**3**～**5**再煎9片餅皮。

靜置放涼約1小時,趁這段時間製作鮮奶油。在調理碗內倒入**A**,攪打至可拉出挺立尖角的狀態。香蕉切成3mm厚的片狀,奇異果切成3mm厚的扇形片狀,桃子切成3mm厚,瀝乾水分。

在1片餅皮上放約6大匙(60g)打發鮮奶油並抹平。

接著擺1/3量的香蕉,蓋上1片餅皮→放鮮奶油並抹平,擺上1/3量的桃子,蓋上1片餅皮→放鮮奶油並抹平,擺上1/3量的奇異果,蓋上1片餅皮,依此順序重疊。最後輕輕覆蓋保鮮膜,放進冰箱冷藏2小時以上(建議最好冰6小時)。

BAKED CAKE.14

千層派

將耐熱盤放在膨脹的派皮上烘烤，竟然變得薄酥。
只要學會奶油擠花的訣竅，
市售的冷凍派皮也能做成名店級甜點。

材料（18×18cm的派皮1塊）

●**派皮**
冷凍派皮……1塊（18×18cm）

●**卡士達醬**
A 低筋麵粉……20g
　　砂糖……40g
牛奶……200ml
蛋黃……2顆
有鹽奶油……10g
香草精……6滴

●**打發鮮奶油**
B 鮮奶油……100ml
　　砂糖……1/2大匙

●**配料**
草莓……12顆
C 草莓果醬……1/2大匙
　　水……1/2小匙
　　檸檬汁……少許
杏仁角……40g

前置作業

☐ 正確秤量材料。
☐ 冷凍派皮置於常溫下15
　 分鐘。
☐ 草莓去掉蒂頭，取4個對
　 半切開。

 MIKI'S
ADVICE

● 派皮之間保持一定間隔擺在烤
　盤，這樣比較好放耐熱盤。
● 完成後不包保鮮膜直接冷藏，
　待卡士達醬變硬，派皮變得酥
　脆，切的時候就會很好切。3小
　時後吃最棒！
● 切塊時要熱刀（請參閱 p.54）。

製作卡士達醬和打發鮮奶油

1 在耐熱調理碗內倒入 **A**，用打蛋器拌至無結塊狀態後，逐次少量地加入牛奶混拌，再加入蛋黃拌一拌。

2 直接微波（600W）加熱1分鐘，充分拌勻。接著重複「加熱＋混拌」3次（總共加熱4分鐘），拌至呈現稠狀。

3 趁熱拌入奶油和香草精，用保鮮膜緊密貼合表面，擺上保冷劑靜置放涼30分鐘，再放進冰箱冷藏30分鐘。

4 在調理碗內倒入 **B**，攪打至可拉出挺立尖角的狀態，放進冰箱冷藏。

烤派皮 ▶ 夾入卡士達醬 ▶

5 將杏仁片鋪於烤盤上，趁預熱烤箱時進行烘烤。預熱結束後，取出杏仁片，鋪上烤盤紙。

烤箱預熱至200度

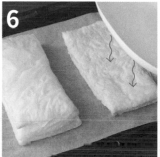

6 派皮對半切開，以一定間隔擺在烤盤上，放進200度的烤箱上層烤10分鐘。因為派皮烤了會膨脹，取出後用耐熱盤的底部壓扁。

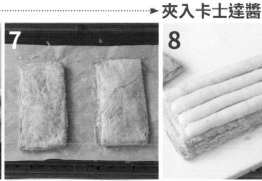

7 把耐熱盤放在派皮上，放回200度的烤箱上層烤10分鐘後，拿掉耐熱盤再烤10分鐘。烤至上色，取出放涼。

8 將**3**用打蛋器攪散，填入擠花袋，前端剪掉2cm（請參閱p.10）。在1片派皮上橫擠4條卡士達醬。

▶ 裝飾

9 擺上對半切開的草莓，再橫擠3條卡士達醬，蓋上1片派皮。

10 用湯匙挖取**4**的打發鮮奶油塗抹側面，剩下的鮮奶油填入裝上擠花嘴的擠花袋（請參閱p.10）。

11 在派皮表面橫擠3條卡士達醬，四邊擠上鮮奶油。

12 放8顆草莓做裝飾，混拌 **C** 做成鏡面果膠，淋在草莓上，側面沾大量的杏仁片。放進冰箱冷藏3小時以上。

難易度
★★★

完成時間
2 小時
不包含放涼的時間

微波爐　烤箱　冷藏＋冷凍

檸檬塔

奶油餡加了3顆檸檬的檸檬汁，清爽順口不甜膩。
用打發鮮奶油取代蛋白霜，口感滑順，大人小孩都愛吃！

材料（直徑18cm的塔模1個）

●塔皮
低筋麵粉……150g
砂糖……20g
有鹽奶油……75g
蛋（M～L）……1顆

●檸檬餡
砂糖……150g
低筋麵粉……30g
蛋黃……2顆
牛奶……180ml
檸檬汁……3顆檸檬的量（90ml）

●打發鮮奶油
A 鮮奶油……150ml
　 砂糖……15g

前置作業

□ 正確秤量材料。
□ 將塔皮的低筋麵粉和砂糖過篩，倒入調理碗輕拌，冷凍20分鐘以上（調理碗無法放進冰箱時，把粉料放在冷凍庫，調理碗放在冷藏室）。

□ 將蛋打散成蛋液，取40g放進冰箱冷藏，剩下的10～15g留在步驟6使用。

□ 備妥塔模和塔石。

MIKI'S ADVICE

● 為了做出酥脆的塔皮，讓調理碗和麵粉冰透很重要！為避免出筋，切勿「用手揉拌」。
● 先在塔皮上塗抹蛋液，可防止檸檬餡的水分弄溼塔皮。

製作塔皮

1

在耐熱調理碗內放奶油，微波（600W）加熱10～15秒，使其變成可用手指壓下去的軟度。

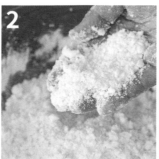

2

從冰箱取出低筋麵粉和砂糖，立刻加入**1**的奶油，用手搓拌成鬆散的沙粒狀。接著加入40g蛋液，用手混拌成團。

3

> 趁塔皮放進冰箱時，將烤箱預熱至180度

將麵團移到30×30cm的保鮮膜中央，蓋上1張30×30cm的保鮮膜，用擀麵棍擀成直徑15cm的圓形，放進冰箱冷凍約15分鐘。

鋪入塔模 ▶

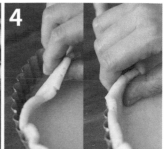

4

取出塔皮，再用擀麵棍擀成直徑23cm的圓形，鋪入塔模。輕輕提起塔皮邊緣，不要拉扯。用拇指壓入側面的波浪凹槽，多出的部分推壓回底部。

烘烤 ▶

5

用叉子在底部和側面戳約50個洞（請參閱p.69），鋪放烤盤紙、倒塔石，放進180度的烤箱下層烤20分鐘。

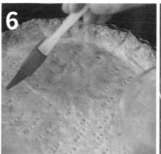

6

取出烤模拿掉塔石，再烤15～20分鐘，烤至上色後，均勻刷塗蛋液，烤5分鐘使蛋液凝固。靜置放涼約30分鐘後脫模。

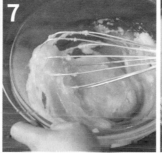

製作檸檬餡＋打發鮮奶油 ▶

7

在耐熱調理碗內倒入砂糖和低筋麵粉，用打蛋器充分拌勻，再加蛋黃混拌。

8

逐次少量地加牛奶，邊加邊拌勻。

裝飾 ▶

9

直接微波（600W）加熱1分鐘，用打蛋器充分混拌。接著重複「加熱＋混拌」4次（總共加熱5分鐘），拌至呈現略硬的稠狀。

10

拌入檸檬汁，用保鮮膜緊密貼合表面，擺上保冷劑靜置放涼30分鐘，放進冰箱冷藏30分鐘。將**A**攪打成可拉出挺立尖角的狀態，放進冰箱冷藏。

11

檸檬餡用橡皮刮刀拌至柔滑，挖入塔皮抹平。

12

放上**10**的打發鮮奶油並抹開，用湯匙背面壓出尖角，放進冰箱冷藏約1小時。最後依個人喜好擺些檸檬皮絲做裝飾。

難易度
★★★

完成時間
2小時

不包含放涼的時間

微波爐　烤箱　冷藏+冷凍

BAKED CAKE.16

香蕉巧克力塔

酥脆塔皮搭配2種奶油&香蕉的完美組合。
甜度比市售商品低，奶油份量適中，就算切一大塊也能吃光光！

材料（直徑18cm的塔模1個）

●塔皮
低筋麵粉……150g
有鹽奶油……70g
砂糖……45g
牛奶……30ml

●巧克力卡士達醬
A 低筋麵粉……20g
　 砂糖……40g
　 可可粉……6g
牛奶……300ml
蛋黃……3顆
有鹽奶油……10g

●配料
B 鮮奶油……100ml
　 砂糖……10g
　 香草精……5滴
香蕉……2條（300g）
巧克力糖漿……適量

前置作業

□ 正確秤量材料。
□ 備妥塔模和塔石。

MIKI'S
ADVICE

● 剛烤好的塔柔軟易碎，放涼後再
　脫模。
● 巧克力卡士達餡即使略稀，冰過
　就會變硬，放上香蕉和打發鮮奶
　油也不會變形，可以切得很漂亮。
● 香蕉會變色，要放之前再切就好。

製作巧克力餡

1 在耐熱調理碗內倒入 **A**，用打蛋器拌至無結塊狀態後，逐次少量地加牛奶混拌，再加蛋黃拌一拌。

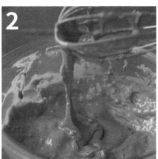

2 直接微波（600W）加熱1分鐘，充分混拌。接著重複「加熱＋混拌」4次（總共加熱5分鐘），拌至呈現稠狀。

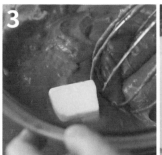

3 趁熱拌入奶油，用保鮮膜緊密貼合表面，擺上保冷劑靜置放涼30分鐘，放進冰箱冷藏30分鐘。

4 在調理碗內倒入 **B**，攪打成可拉出挺立尖角的狀態，填入擠花袋放進冰箱冷藏。

製作塔皮 ▶ 鋪入塔模

5 在耐熱調理碗內放奶油，微波（600W）加熱10秒使其軟化。加砂糖，用打蛋器混拌約1分鐘，使其變成白色乳霜狀。

6 篩入低筋麵粉、加牛奶，用橡皮刮刀切拌。

趁塔皮放進冰箱時，將烤箱預熱至180度

7 拌至剩下些許粉粒的狀態後，用手整成直徑12cm的圓形，包上保鮮膜，放進冰箱冷凍約10分鐘。

8 打開並攤平保鮮膜，蓋上另一張保鮮膜，用擀麵棍擀成直徑23cm的圓形，鋪入烤模。用拇指把塔皮壓入側面的波浪凹槽，使塔皮貼合塔模。

烘烤 ▶ 裝飾

9 多出的部分壓回底部，用叉子在底部和側面戳約50個洞，鋪上烤盤紙、倒入塔石，放進180度的烤箱下層烤20分鐘。

10 取出塔模，拿掉塔石，烤至表面上色，靜置放涼約30分鐘後脫模。

11 **3**的巧克力卡士達餡用橡皮刮刀拌至柔滑，挖入塔皮抹平。擺放切成1cm厚的香蕉片，把**4**的擠花袋前端剪掉2cm，擠上打發鮮奶油。放進冰箱冷藏約1小時，淋上巧克力糖漿。

難易度
★★⯪

完成時間
1 小時 40 分

微波爐　平底鍋 26 cm　冷藏室

牛奶空盒的妙用
製作
傳統點心

紅豆餅

用牛奶空盒做成烤模,在家就能做出不輸店家的紅豆餅。
比起低筋麵粉,高筋麵粉做的餅皮更接近攤販賣的Q彈口感。

材料（6個）

●餅皮麵糊
A 高筋麵粉……120g
　泡打粉……6g
　砂糖……30g
　鹽……兩小撮
　蛋（M～L）……1顆
　沙拉油……1大匙
牛奶……120ml

●紅豆餡
市售的豆粒餡或豆沙餡
……200g

●奶油餡
B 低筋麵粉……15g
　砂糖……30g
牛奶……150ml
蛋黃……1顆
有鹽奶油……5g
香草精……10滴

前置作業

□ 正確秤量材料。
□ 製作烤模（請參閱右文）。

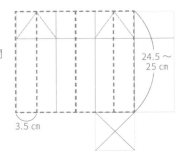

24.5～25 cm

3.5 cm

將牛奶空盒裁成6條寬3.5×長24.5～25cm的長方形，白色那面朝內凹成直徑7cm的圓形，用釘書機固定內側的2處，釘書針的針腳在內側。剪6張寬3×長10cm的鋁箔紙，收邊朝外纏繞，包覆釘書針。

MIKI'S ADVICE

●將烤模排在平底鍋中，如果有縫隙，麵糊會外流，牛奶空盒請裁剪工整，用釘書機牢牢固定。
●翻面時即使麵糊流出，蒸烤完成後剪掉多出的餅皮即可！
●沒吃完的紅豆餅包上保鮮膜，放進冰箱冷藏保存，要吃的時候直接微波（600W）加熱30秒。

製作奶油餡

1 在耐熱調理碗內倒入**B**，用打蛋器拌至無結塊狀態後，逐次少量地加牛奶混拌，邊加邊拌，再加蛋黃混拌。

2 直接微波（600W）加熱1分鐘，充分混拌。接著重複「加熱＋混拌」3次（總共加熱4分鐘），拌至呈現稠狀。

3 趁熱拌入奶油和香草精，用保鮮膜緊密貼合表面，擺上保冷劑靜置放涼30分鐘，放進冰箱冷藏30分鐘。

製作餅皮麵糊　→　蒸烤

4 在調理碗內倒入**A**，為避免結塊，逐次少量地加牛奶，用打蛋器拌至柔滑。將紅豆餡和卡士達醬各自分成3等份。

5 把6個紙模緊密地排在平底鍋中，以中火加熱1分鐘熱鍋。接著轉小火，按住紙模邊緣舀入2大匙麵糊，各自塞入紅豆餡、卡士達醬，再舀入等量的麵糊。

6 蓋上鍋蓋，為防止水蒸氣外漏，用筷子堵住鍋蓋上的小孔，以小火蒸烤10分鐘。

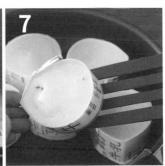

7 待表面上色，用鍋鏟快速翻面，蓋上鍋蓋，以小火蒸烤10分鐘。如果覺得餅皮顏色太淺，以大火煎約1分鐘。取出後用剪刀在紙模上剪一刀，輕輕脫模。

極品蜂蜜蛋糕

就算沒有烤模，用牛奶盒也能重現外形。
添加蜂蜜和味醂，做出來的蛋糕香甜潤口！

材料（1公升的牛奶盒1個）

●餅皮麵糊

蛋（M～L）……2顆

A 砂糖……40g
┊ 蜂蜜……30g
┊ 味醂……30ml

高筋麵粉……60g

粗砂糖……10g

前置作業

□ 正確秤量材料。

□ 調理碗內倒入等量的熱水和水，把蛋放進碗中浸泡5分鐘，使其恢復至常溫（請參閱p.18）。

□ 製作烤模（請參閱下文）。

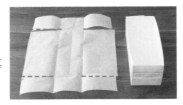

剪掉牛奶盒的1個側面，在牛奶開口處下方的兩側各劃一刀、往內凹摺，用釘書機固定2處，使其變成長方形。將烤盤紙裁成30×25cm，放入空盒做出摺痕，剪開虛線位置，鋪入紙盒。

也可當作磅蛋糕模

製作麵糊

1

烤箱預熱至160度

把蛋打入調理碗攪散，加入 A。

2

用手持式攪拌器高速攪打約2～3分鐘，打成變白的稠狀。

3

高筋麵粉分3次篩入，每次都要用橡皮刮刀快速切拌。

4

麵粉全部拌入後，持續翻拌3～5分鐘，使麵糊變成3/4的量，用刮刀撈起呈現絲帶狀流下且立刻消失的狀態。

烘烤

5

烤模底部鋪放粗砂糖。

6

倒入麵糊，拿起烤模從距離桌面10cm的高度輕輕往下摔2次，排出多餘空氣，使麵糊均勻分布，放進160度的烤箱下層烤35分鐘。烤至表面變成金黃色，用竹籤插入中心若無沾黏麵糊即完成。

7

將烤模從距離桌面10cm的高度輕輕往下摔，連同烤盤紙將蛋糕從牛奶盒中取出，靜置放涼。為避免乾燥，包上保鮮膜。靜置1天會變得更入味可口。

Q
「手揉」麵團
好像很麻煩。
A
用1個調理碗
就可以了！
也可使用
料理長筷。

本書中加泡打粉的麵團是揉
拌3分鐘，加酵母粉的麵團
約5分鐘。揉拌太久反而會
讓麵團不易膨脹，這樣的時
間剛剛好！如果不喜歡麵團
黏手的感覺，可以先用料理
長筷混拌，待粉類吸收水分
後，再用手揉拌。

Q
加了酵母粉的麵團
有何不同？
A
酵母粉會
幫助麵團發酵，
提升香氣及風味。

酵母粉是藉由微生物發酵，
靜置一段時間使麵團膨脹。
加了酵母粉的麵團做出來的
麵包不僅芳香撲鼻，剛烤好
時更是蓬鬆可口！為了活絡
酵母的作用，使用約38度
的溫水很重要。

Q
沒時間讓麵團發酵
的話該怎麼辦？
A
不妨試試看
加泡打粉的
披薩或印度烤餅。

做蛋糕也會使用的泡打粉會
讓麵團產氣，在短時間內膨
發，又稱「發粉」。雖然味
道和用酵母粉發酵的麵包有
些不同，沒時間的時候很好
用！尤其是披薩和印度烤
餅。因為可用平底鍋煎烤，
很適合拿來做平日的點心。

Q
家裡沒烤箱，用小烤
箱也能烤麵包嗎？
A
因為容易烤焦，
請分兩次烤或是
做成手撕麵包。

小烤箱的烤盤較小，建議分
2次烤，或是讓麵團黏合做
成「手撕麵包」。不過，容
易烤焦的麵包最好別做。如
何使用小烤箱烤麵包請參考
MIKI'S ADVICE。

PART 3

簡單美味讓人每天都想吃！
每天都想做！！

新手也能輕鬆上手的超好吃麵包

Q
有沒有第一次做麵包
不失敗的訣竅？

A
其實差不多就好
也沒關係！
但要注意
「別過度發酵」！！

發酵時間依季節而異，但基礎發酵只要膨脹至1.5～2倍即可。但，如上圖所示，過度發酵會導致產氣過多（麵團酸化），讓麵包的美味大打折扣，這點請留意。若發酵過程中有急事要外出，可放進冰箱冷藏延緩發酵。

白己動手做麵包才能品嘗到
熱騰騰又鬆軟的現烤美味喔！
本書是以「每天都能做的簡單麵包」為主，
就算是不拘小節的人或自認手拙的人
都能做出好吃的麵包。
請試著放鬆心情做做看。

Q
沒吃完的麵包
可以冷凍保存嗎？

A
麵包容易壞，
沒吃完就冷凍。

逐一包上保鮮膜，放進冰箱冷凍。要吃的時候，加了泡打粉的麵包直接微波加熱20秒使其變軟（若未變軟，斟酌增加秒數）。加了酵母粉的麵包先解凍，再用小烤箱烤3～5分鐘，烤至香酥。

製作餅皮

1

在調理碗內倒入 **A** 和水。

2

用筷子繞圈攪拌，讓粉類吸收水分。

3

拌到攪不動後，用手揉拌約3分鐘。黏在手上的麵團沾取高筋麵粉（材料份量外）拿掉，揉進麵團裡。

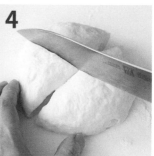

4

移到砧板上，切成4等份。

MAKED BREAD.1

瑪格麗特披薩

因為加了泡打粉，即使是沒時間發酵麵團的時候，
用平底鍋便可迅速完成的簡單披薩。
小小一個，不必切就能拿著吃。

材料（直徑10cm×4塊）

●披薩餅皮

A 高筋麵粉……75g
　低筋麵粉……75g
　砂糖……10g
　鹽……2g
　泡打粉……6g
常溫水……90ml

●披薩醬

B 番茄醬……3大匙
　醬油……1/2大匙
　砂糖……1小匙
　乾燥奧勒岡……1/2小匙

●配料

小番茄……4顆
披薩用起司絲……60g
羅勒葉……適量

前置作業

□正確秤量材料。
□將B的材料混拌。
□小番茄橫切成4等份。

MIKI'S ADVICE

●番茄醬加醬油和砂糖混拌就變成濃醇的披薩醬。
●擺配料時，為防止烤焦，請先關火。
●如果披薩變冷了，蓋上鋁箔紙，用小烤箱（1000W）烤約5分鐘就會恢復現烤狀態。

燜烤

5 用手壓成直徑10cm的圓形，放入平底鍋。

6 以中小火加熱，蓋上鍋蓋燜烤4～5分鐘，待表面上色後翻面，暫時關火。

7 塗上B的披薩醬，將切成4等份的小番茄平放上去，各撒上1/4量的起司絲。

8 重新開中小火加熱，蓋上鍋蓋燜烤3～4分鐘。待起司融化後關火，再燜3～4分鐘。取出盛盤，放羅勒葉做裝飾。

難易度 ★☆☆

完成時間 40分

 微波爐

 平底鍋 26 cm

熱狗印度烤餅

用直徑26cm的平底鍋就能做出大塊的印度烤餅。
只要用一個調理碗加熱，就能做出含有大量蔬菜的極品咖哩醬！
不需要發酵且份量十足，很適合當作假日的午餐。

材料（長20cm×4塊）

●印度烤餅

A 高筋麵粉……300g
　砂糖……15g
　鹽……2g
　泡打粉……12g
常溫水……180ml

奶油……40g

●咖哩

B 豬絞肉……150g
　胡蘿蔔……1/2根（90g）
　洋蔥……1/2個（100g）
　番茄醬……3大匙
　中濃醬……1大匙
　砂糖……1小撮
　咖哩塊（中辣）……40g
　水……100ml

●配料

熱狗（18cm）……4根
萵苣葉……2片
披薩用起司絲……40g

前置作業

□ 正確秤量材料。
□ 奶油切成4等份。
□ 萵苣葉切絲。

製作咖哩

1 將 B 的胡蘿蔔和洋蔥切末，咖哩塊切成1cm塊狀，全部倒入耐熱調理碗。

2 用湯匙充分拌勻，包上保鮮膜，微波（600W）加熱4分鐘→從底部均勻翻拌→加熱4分鐘並翻拌，這樣的步驟再重複一次，總共加熱12分鐘。如果胡蘿蔔還很硬，逐次加熱1分鐘使其軟透。

製作餅皮

3 在調理碗內倒入 A 和水。

4 用筷子繞圈攪拌，讓粉類吸收水分後，用手揉拌約3分鐘。黏在手上的麵團沾取高筋麵粉（材料份量外）拿掉，揉進麵團裡。包上保鮮膜，靜置約5分鐘。

煎熟

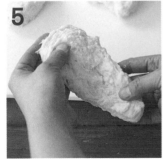

5 移到砧板上，切成4等份。上下拉開，整成長20cm的烤餅形狀。

6 將2塊麵餅以上下顛倒的方式放入平底鍋，用手壓扁。放10g的奶油，以中小火加熱，煎約3分鐘，使奶油融化。

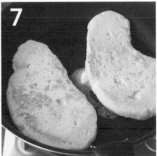

7 煎上色後翻面，再放10g的奶油，煎約3分鐘，使奶油融化。剩下的2塊麵餅也是相同煎法。

擺放配料

8 稍微擦拭平底鍋，熱狗下鍋煎熟。最後依序在烤餅上放萵苣絲、熱狗、咖哩。

難易度
★★☆

完成時間
1 小時 45 分

微波爐

烤箱或
小烤箱

餐包

使用酵母粉做麵包的新手，請試做做看這個原味餐包。
柔軟香醇的滋味，讓人感動驚呼：太好吃了吧！

材料（4個）

A 高筋麵粉……300g
砂糖……30g
鹽……3g
酵母粉……6g
有鹽奶油……30g
水……170ml

B 蛋液……1顆蛋的量
水……1/2大匙

前置作業

□ 正確秤量材料。
□ 奶油放入耐熱容器，微波
（600W）加熱約10秒使
其軟化。
□ 水倒入耐熱容器，微波
（600W）加熱約20秒，
使其變成溫水。
□ 烤盤內鋪烤盤紙。

**MIKI'S
ADVICE**

● 加溫水可促進砂糖催化酵母的發酵。
● 揉圓麵團時，拉起麵團往底部收攏，
使麵團變成表面光滑的圓形。
● 若是用小烤箱（1000W）烘烤，分成
8等份擺在烤盤上，烤25分鐘。烤
4～5分鐘待表面上色後，請蓋上鋁箔
紙！麵團會膨脹黏合，變成手撕麵包
（請參閱p.74）。

揉製麵團

1 在調理碗內放入 **A**、倒溫水。

2 用筷子繞圈攪拌，讓粉類吸收水分。

3 拌到攪不動後，用手揉拌約5分鐘，拌至柔滑。黏在手上的麵團沾高筋麵粉（材料份量外）拿掉，揉進麵團裡。

▶ 基礎發酵 ▶

4 揉整成團後，包上保鮮膜，冬天放50分鐘，夏天放約40分鐘。

▶ 整形 ▶

5 待麵團膨脹至1.5～2倍大，表面微凸，基礎發酵即完成。用手指沾高筋麵粉在中央戳洞，如果洞沒有回縮，表示狀態OK。

6 用手掌輕輕按壓麵團，壓出空氣。

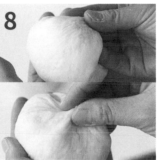

7 移到砧板上，切成4等份。

8 輕輕拉扯麵團表面往底部收緊，整成圓形。

最後發酵 ······ ▶ 烘烤 ▶

趁麵團發酵的時候，將烤箱預熱至190度

9 底部收口朝下擺入烤盤，蓋上保鮮膜，靜置至表面呈現鼓脹狀態（冬天放20分鐘，夏天約15分鐘），最後發酵即完成。

10 在麵團表面刷上混合好的 **B**，放進190度的烤箱下層烤15～18分鐘。如果烤10～12分鐘已經上色，為避免烤焦，蓋上鋁箔紙。

ARRANGE

壓扁擺上配料，就變成鹹麵包！

玉米美乃滋麵包

做法

在步驟7將麵團切成6等份，揉圓後壓扁，用指尖推擠內側做出邊緣，使中央形成凹洞。把120g的玉米粒與3大匙美乃滋混拌，等量舀入凹洞，進行最後發酵，不必刷塗 **B**，放進烤箱烘烤。可依個人喜好撒上切碎的香芹。

難易度
★★☆

完成時間
2 小時

微波爐　烤箱或
小烤箱

MAKED BREAD.4

鹽可頌

濃醇奶油香與恰到好處的鹹味形成絕妙搭配的鹽可頌。
因為包在裡面的奶油會流出來，麵包底部像是炸過般酥脆，內部組織很鬆軟。
如果做來賣應該會熱銷，真的很好吃喔！

材料（8個）

A 高筋麵粉……300g
　　砂糖……10g
　　鹽……5g
　　酵母粉……6g
　　有鹽奶油……20g
水……170ml
奶油（包摺用）……80g
奶油（增色用）……10g
粗鹽……兩小撮

前置作業

□ 正確秤量材料。
□ **A** 的奶油放入耐熱容器，微波加熱（600W）約10秒，使其軟化。
□ 包摺用的奶油切成8等份（寬1cm×長6.5cm的條狀），放進冰箱冷藏。
□ 水倒入耐熱容器，微波（600W）加熱約20秒，使其變成溫水。
□ 烤盤內鋪烤盤紙。

MIKI'S ADVICE

● 刷塗奶油液會讓鹽附著於表面，烤出漂亮的色澤。
● 麵包烤好後，包在裡面的奶油會流出來，請留在烤盤內靜置放涼。
● 若是用小烤箱（1000W）烘烤，一次烤4個，烤15分鐘。烤4～5分鐘待表面上色後，請蓋上鋁箔紙！烤第1次的時候，剩下的4個麵團放進冰箱冷藏，延緩發酵。

揉製麵團 ▶

1
在調理碗內放入 A、倒溫水。

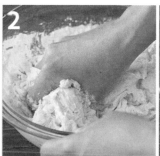

2
用筷子繞圈攪拌，讓粉類吸收水分。拌到攪不動後，用手揉拌約5分鐘，拌至柔滑。黏在手上的麵團沾高筋麵粉（材料份量外）拿掉，揉進麵團裡。

基礎發酵 ▶

3
揉整成團後，包上保鮮膜，冬天放50分鐘，夏天放約40分鐘。待麵團膨脹至1.5～2倍大，表面微凸，基礎發酵即完成。用手指沾高筋麵粉在中央戳洞，如果洞沒有回縮，表示狀態OK。

整形 ▶

4
用手掌輕輕按壓麵團，壓出空氣。移到砧板上，用擀麵棍擀成直徑25cm的圓形後，以放射狀切成8等份。

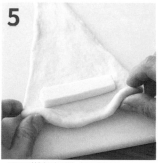

5
再用擀麵棍擀成底邊15cm、高20cm的三角形，把切成條狀的冰奶油放在底邊上方3cm處。

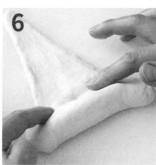

6
拉起底邊包住奶油，用手指按壓貼合，接著往上捲。

最後發酵 ▶

7

🔥 趁麵團發酵的時候，將烤箱預熱至200度

最後的收邊朝下擺入烤盤，蓋上保鮮膜，靜置至表面呈現鼓脹狀態（冬天放15分鐘，夏天約10分鐘），最後發酵即完成。

烘烤 ▶

8
在耐熱容器內放入增色用的奶油，微波（600W）加熱20秒使其融化，刷塗在麵團表面。撒上粗鹽，放進200度的烤箱下層烤18分鐘。烤好後留在烤盤靜置放涼約10分鐘。

熱狗軟法

未加奶油的麵團烤出
香氣四溢有嚼勁的麵包，
更加突顯熱狗腸的風味。

難易度	完成時間 2小時		
★★☆	⏱ ⏱	微波爐	烤箱或 小烤箱

材料（2條）

A 高筋麵粉……100g
: 低筋麵粉……100g
: 砂糖……5g
: 鹽……3g
: 酵母粉……3g
水……110ml
熱狗……6根
沙拉油……1小匙

前置作業

□ 正確秤量材料。
□ 將水倒入耐熱容器，微波（600W）加熱約20秒，使其變成溫水。
□ 烤盤內鋪烤盤紙。

MIKI'S ADVICE

● 為了做出法國麵包的口感，混合低筋麵粉製作。
● 刷上沙拉油，烤出來的色澤會很漂亮！
● 若是用小烤箱（1000W）烘烤，一次烤一條，烤15分鐘。烤4～5分鐘待表面上色後，請蓋上鋁箔紙！烤第1次的時候，另一條麵團放進冰箱冷藏，以延緩發酵。

揉製麵團 ▶ **基礎發酵** ▶ **整形** ▶ **最後發酵＋烘烤** ▶

1

2

3

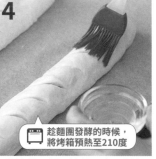
4

🔥 趁麵團發酵的時候，將烤箱預熱至210度

1 在調理碗內放入 **A**、加入溫水。用筷子繞圈攪拌，讓粉類吸收水分。拌到攪不動後，用手揉拌約5分鐘，拌至柔滑。黏在手上的麵團沾高筋麵粉（材料份量外）拿掉，揉進麵團裡。

2 揉整成團後，包上保鮮膜，冬天放50分鐘，夏天約40分鐘。待麵團膨脹至1.5～2倍大，表面微凸，基礎發酵即完成。用手指沾高筋麵粉在中央戳洞，如果洞沒有回縮，表示狀態OK。

3 用手掌輕輕按壓麵團，壓出空氣。移到砧板上，切成2等份。用擀麵棍擀成寬10×長30cm，中央擺3根熱狗，抓起麵團的上下兩端按壓黏合。左右兩端內摺收合，用手輕輕搓滾調整粗細。

4 收邊朝下擺入烤盤，表面斜劃3cm間距的切痕，蓋上保鮮膜，靜置至表面呈現鼓脹狀態（冬天放15分鐘，夏天約10分鐘），最後發酵即完成。刷上大量的沙拉油，放進210度的烤箱下層烤15分鐘，烤至上色。

貝果

只要用手指在揉圓的麵團戳個洞，
貝果就成形了。
煮過再烤，口感Q彈！

難易度	完成時間 2 小時			
★★★☆		微波爐	平底鍋 26 cm	烤箱或 小烤箱

材料（4個）

A 高筋麵粉……300g
　砂糖……15g
　鹽……3g
　酵母粉……3g
　水……170ml
B 水……1公升
　砂糖……2小匙

前置作業

☐ 正確秤量材料。
☐ 將水倒入耐熱容
　器，微波（600W）
　加熱約20秒，使其
　變成溫水。
☐ 烤盤內鋪烤盤紙。

**MIKI'S
ADVICE**

●煮麵團時加入砂糖，烤出來的貝果會有光
　澤感。
●若是用小烤箱（1000W）烘烤，水煮後一
　次烤2個，烤20分鐘。烤5～6分鐘待表面
　上色後，請蓋上鋁箔紙！烤第1次的時
　候，剩下的2個麵團放進冰箱冷藏，以延
　緩發酵。

揉製麵團＋
基礎發酵 ➤ 整形＋最後發酵 ➤ 水煮＋烘烤 ➤

1

在調理碗內放入 **A**，後續做法
和左頁的步驟**1**、**2**相同。

2

用手掌輕輕按壓麵團，壓出空
氣。移到砧板上，切成4等
份。輕輕拉扯麵團表面往底部
收緊，整成圓形。收口朝下，
用手指在中央戳洞，把洞拉大
成直徑4cm的圓。

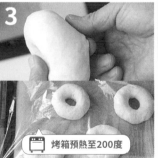
3
🔲 烤箱預熱至200度

拉扯麵團表面往底部收緊，使
表面變得光滑。擺入烤盤，蓋
上保鮮膜，靜置約5分鐘，讓
表面呈現鼓脹狀態。等麵團發
酵的時候，在平底鍋內倒入 **B**
煮滾。

4

接著轉小火，麵團下鍋，兩面
各煮30秒，撈起麵團放回烤
盤，放進200度的烤箱下層烤
20分鐘。

MAKED BREAD.7

美式臘腸披薩

用發酵過的麵團做的披薩外酥內Q，深受家人喜愛。
塗上自製披薩醬，擺些美式臘腸（pepperoni），極品美味上桌囉！

材料（直徑22cm×2塊）

●披薩餅皮

A 高筋麵粉……250g
低筋麵粉……50g
砂糖……15g
鹽……5g
酵母粉……6g
水……160ml
橄欖油……1大匙

●披薩醬

B 番茄罐頭……1罐
番茄醬……2大匙
砂糖……1大匙
蒜泥……1小匙
洋蔥末……1/2個的量（100g）

●配料

披薩用起司絲……200g
美式臘腸……30片（60g）

前置作業

☐ 正確秤量材料。
☐ 水倒入耐熱容器，微波（600W）加熱約20秒，使其變成溫水。
☐ 剪2張烤盤大小的烤盤紙。

 MIKI'S ADVICE

●為避免第二塊餅皮的麵團發酵過度，整形後請放進冰箱冷藏。
●縮短最後發酵的時間，使餅皮變成外酥內Q的口感。
●將美式臘腸擺在起司上，就不會被融化的起司蓋住！

86

1

在調理碗內倒入 **A** 和溫水、加橄欖油。

2

用筷子繞圈攪拌，讓粉類吸收水分。

3

拌到攪不動後，用手揉拌約5分鐘，拌至柔滑。黏在手上的麵團沾高筋麵粉（材料份量外）拿掉，揉進麵團裡。

4

揉整成團後，包上保鮮膜，冬天放50分鐘，夏天放約40分鐘。

製作披薩醬 ································▶ 整形＋最後發酵 ····················▶

5

待麵團膨脹至1.5～2倍大，表面微凸，基礎發酵即完成。用手指沾高筋麵粉在中央戳洞，如果洞沒有馬上回縮，表示狀態OK。

6

利用麵團基礎發酵的時間製作披薩醬。在平底鍋內倒入 **B** 以大火加熱，發出啪滋啪滋的聲音後轉中火，用木鏟拌炒約8分鐘，煮至水分收乾，放涼備用。

7

用手掌輕輕按壓麵團，壓出空氣。移到砧板上，切成2等份，各自擺在烤盤紙上，用擀麵棍擀成直徑22cm的圓形餅皮。

8

🔳 趁麵團發酵的時候，將烤箱預熱至200度

用指尖推擠餅皮內側做出邊緣，使中央形成凹洞。包上保鮮膜，把1塊餅皮放入烤盤靜置約10分鐘，另1塊放進冰箱冷藏，進行最後發酵。

烘烤 ·······························▶　　　　　　　　使用小烤箱（1000W）烘烤

9

依序在餅皮上塗抹披薩醬，鋪放1/2量的起司絲和美式臘腸，放進200度的烤箱下層烤18～20分鐘，烤至底部上色即完成。取出另1塊餅皮，依相同做法烘烤。

將鋁箔紙摺成22×18cm（小烤箱烤盤的大小），壓平、拉長切成2等份的麵團，用指尖推擠餅皮內側做出邊緣。

塗抹披薩醬，擺上配料，1片烤15～20分鐘。覺得快烤焦的話，蓋上鋁箔紙。

難易度
★★⯪

完成時間
2 小時

微波爐

平底鍋 26 cm

咖哩麵包

用1cm高的油煎炸，麵包變得蓬鬆柔軟，整體呈現美麗的金黃色澤。
比起已經冷掉的市售麵包，表面酥脆、內部熱騰騰的現炸滋味就是不一樣！
「自己做竟然會那麼好吃！」令人讚不絕口的自信之作。

材料（8個）

●麵團
A 高筋麵粉……200g
　低筋麵粉……100g
　砂糖……10g
　鹽……5g
　酵母粉……6g
　有鹽奶油……20g
　蛋液……1顆蛋的量（50g）
　水……110ml

●麵衣
蛋液……1顆蛋的量
麵包粉……50g

炸油……適量

●咖哩
B 豬絞肉……200g
　洋蔥……1個（340g）
　番茄醬……4大匙
　中濃醬……1/2大匙
　砂糖……1大匙
　咖哩塊（中辣）……60g
　水……5大匙

前置作業

□ 正確秤量材料。
□ 奶油放入耐熱容器，微波加熱（600W）約10秒，使其軟化。
□ 水倒入耐熱容器，微波（600W）加熱約20秒，使其變成溫水。

MIKI'S ADVICE

● 咖哩冷掉會延遲麵團的發酵，太燙又會發酵過度。置於常溫放涼就是適合發酵的溫度。
● 包咖哩時，請用手指緊緊捏合麵團。如果邊緣沾到咖哩，因油分導致無法密合，下鍋炸的時候咖哩容易外漏，這點請留意！

製作咖哩 ▶ 揉製麵團 ▶▶ 基礎發酵 ▶

1

將 **B** 的洋蔥切成末，咖哩塊切成5mm寬，全部倒入耐熱調理碗，用湯匙允分拌勻。包上保鮮膜，微波（600W）加熱4分鐘，從底部翻拌均勻。這樣的步驟再重複2次，總共加熱12分鐘，靜置放涼約1小時。

2

在調理碗內放入 **A**、倒入溫水。

3

用筷子繞圈攪拌，讓粉類吸收水分。拌到攪不動後，用手揉拌約5分鐘，拌至柔滑。黏在手上的麵團沾高筋麵粉（材料份量外）掉，揉進麵團裡。

4

揉成團整圓後，包上保鮮膜，冬天放50分鐘，夏天放約40分鐘。待麵團膨脹至1.5~2倍大，表面微凸，基礎發酵即完成。用手指沾高筋麵粉在中央戳洞，如果洞沒有馬上回縮，表示狀態OK。

整形＋最後發酵 ▶▶ 下鍋炸

5

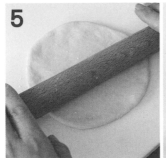

用手掌輕輕按壓麵團，壓出空氣。移到砧板上，切成8等份。輕輕拉扯麵團往底部收緊、收圓。用擀麵棍擀成直徑13cm的圓形。

6

中央放1/8量的咖哩，抓起下端往上對摺，捏合上下端。整成橄欖形，收邊朝下，保持一定間隔擺在盤內。待表面呈現鼓脹狀態（冬天放20分鐘，夏天約15分鐘），最後發酵即完成。

7

麵團均勻沾裹蛋液，撒上麵包粉。

8

在平底鍋內倒約1cm高的炸油，以大火加熱，鍋熱後轉中小火，放入4個**7**。煎炸約6分鐘，使兩面變得金黃，起鍋瀝乾油分。撈除鍋中的麵包粉，若油變少再加，依相同方式煎炸剩下的4個麵團。

MAKED BREAD.9

巧克力麵包

迷人的濃厚甜味，一吃就上癮的巧克力麵包。
包在裡面的板狀巧克力，
在剛烤好時變得濃稠，有如熔岩巧克力。

材料（直徑22cm×2塊）

●麵團
A 高筋麵粉……280g
　無糖可可粉……20g
　砂糖……40g
　鹽……3g
　酵母粉……6g
　有鹽奶油……40g
水……180ml
板狀巧克力……2片（100g）
糖粉……1/2小匙

前置作業

□正確秤量材料。
□巧克力切成2～3cm
　塊狀。
□奶油放入耐熱容器，
　微波加熱（600W）約
　10秒，使其軟化。
□水倒入耐熱容器，微
　波（600W）加熱約20
　秒，使其變成溫水。
□烤盤內鋪烤盤紙。

MIKI'S
ADVICE

●加了可可粉的麵團不易膨
　脹，基礎發酵膨脹至1.5
　倍即可。
●若是用小烤箱（1000W）
　烘烤，一次烤4個，烤15
　分鐘。烤5～6分鐘待表面
　上色後，請蓋上鋁箔紙！
　烤第1次的時候，剩下的4
　個麵團放進冰箱冷藏，以
　延緩發酵。

揉製麵團 .... ► 基礎發酵 ....

1
在調理碗內放入 **A**、倒溫水。

2
用筷子繞圈攪拌，讓粉類吸收水分。

3
拌到攪不動後，用手揉拌約5分鐘，拌至柔滑。黏在手上的麵團沾高筋麵粉（材料份量外）拿掉，揉進麵團裡。

4
揉成團整成圓後，包上保鮮膜，冬天放50分鐘，夏天放約40分鐘。

.... ► 整形 ....

5
待麵團膨脹至約1.5倍大，表面微凹，基礎發酵即完成。用手指沾高筋麵粉在中央戳洞，如果洞沒有馬上回縮，表示狀態OK。

6
用手掌輕輕按壓麵團，壓出空氣。

7
移到砧板上，切成8等份。

8
將麵團揉圓壓扁，放上3塊巧克力。

.... ► 最後發酵＋烘烤 ....

9
把巧克力包起來，捏緊收口、整圓。

10

🔲 趁麵團發酵的時候，將烤箱預熱至180度

收口朝下擺入烤盤，蓋上保鮮膜，靜置待表面呈現鼓脹狀態（冬天放15分鐘，夏天約10分鐘），最後發酵即完成。

11
放進180度的烤箱下層烤15分鐘，烤至底部上色即完成。靜置放涼，用茶葉篩撒上糖粉。

MAKED BREAD.10

難易度
★★☆

完成時間
2 小時 15 分

微波爐

烤箱

冷藏+冷凍

菠蘿麵包

外酥內軟的完美菠蘿麵包。
菠蘿皮用保鮮膜夾住，以擀麵棍擀開後，包覆貼合麵團。
這個做法可以做出漂亮的形狀又不沾手唷！

材料（4個）

●麵團
A 高筋麵粉……200g
　砂糖……20g
　鹽……2g
　酵母粉……4g
　有鹽奶油……25g
水……120ml

●菠蘿皮
有鹽奶油……40g
B 砂糖……70g
　蛋液……40g
　香草精……10滴
低筋麵粉……150g

細砂糖……20g

前置作業

□ 正確秤量材料。
□ A的奶油放入耐熱容器，微波加熱（600W）約10秒，使其軟化。
□ 水倒入耐熱容器，微波（600W）加熱約20秒，使其變成溫水。
□ 烤盤內鋪烤盤紙。

MIKI'S ADVICE

● 菠蘿皮放進冰箱冷凍可加速變硬，也比較容易延展。
● 放上菠蘿皮後不易烤透，請烤至底部上色。
● 這個麵團容易烤焦，不適合用小烤箱烤。

製作麵團 ▶ **基礎發酵** ▶ **製作菠蘿皮** ▶ **整形** ▶

1

在調理碗內放入 A、倒入溫水。用筷子繞圈攪拌，讓粉類吸收水分後，用手揉拌約5分鐘，拌至柔滑。

2

揉成團整成圓後，包上保鮮膜，冬天放50分鐘，夏天放約40分鐘。待麵團膨脹至1.5～2倍大，表面微凸，基礎發酵即完成。用手指沾高筋麵粉在中央戳洞，如果洞沒有馬上回縮，表示狀態OK。

3

在耐熱調理碗內放入奶油，微波（600W）加熱約10秒使其軟化，用打蛋器拌一拌。依序加入 B 混拌，篩入低筋麵粉，用橡皮刮刀輕輕翻拌。揉圓後移至保鮮膜上，壓成直徑16cm的圓形，包上保鮮膜，放進冰箱冷凍20分鐘，移至冷藏室直到麵團完成發酵。

4

用手掌輕輕按壓麵團，壓出空氣。移到砧板上，切成4等份，各自揉圓。菠蘿皮切成4等份，用2張裁成30×30cm、撒上麵粉的保鮮膜夾住，用擀麵棍擀成直徑13cm的圓形。

▶ **最後發酵＋烘烤** ▶

5

拿掉菠蘿皮上方的保鮮膜，將菠蘿皮蓋在揉圓的麵團上，連同下方的保鮮膜輕輕包住麵團。

6

上下顛倒，扭緊保鮮膜，塑形。

7

拿掉保鮮膜，菠蘿皮表面沾裹細砂糖。

8

🔲 趁麵團發酵的時候，將烤箱預熱至180度

用刀背在表面劃出格紋擺入烤盤，靜置待表面呈現鼓脹狀態（冬天放20分鐘，夏天約15分鐘），最後發酵即完成。放進180度的烤箱下層烤25分鐘，烤至底部上色。

難易度
★★☆

完成時間
2 小時

 微波爐 烤箱

肉桂捲

在麵團上放大量的肉桂糖，鋪平捲起來，
烤好的肉桂捲一口咬下，嘴裡滿是濃醇的甜味與香氣。
最後淋上略稠的糖霜，賣相不輸店家喔！

材料（6個）

●麵團
A 高筋麵粉……300g
　砂糖……40g
　鹽……3g
　酵母粉……6g
　有鹽奶油……40g
　蛋液……1顆蛋的量（50g）
水……130ml

●肉桂糖
B 砂糖……50g
　肉桂粉……4g
有鹽奶油……10g
蛋液……適量

●糖霜
C 糖粉……70g
　水……1又1/2～2小匙

前置作業

□ 正確秤量材料。
□ 混拌 B 的材料。
□ 將 A 的奶油放入耐熱容器，微波加熱（600W）約10秒，使其軟化。
□ 水倒入耐熱容器，微波（600W）加熱約20秒，使其變成溫水。
□ 烤盤內鋪烤盤紙。

MIKI'S ADVICE

● 添加在麵團裡的蛋液太多會因為水分多不易成團，請務必秤量成50g才不會失敗喔！

● 糖霜請用少量的水拌合。加太多水會變太稀，淋在麵包上時容易流掉，不易留在表面。

● 這個麵團容易烤焦，不適合用小烤箱烤。

揉製麵團　　　　　　　　　　　　　　　　▶ 基礎發酵　　　　▶ 整形＋最後發酵 ▶

1 在調理碗內放入 A、倒溫水。

2 用筷子繞圈攪拌，讓粉類吸收水分後，用手揉拌約5分鐘，拌至柔滑。

3 揉成團整成圓後，包上保鮮膜，冬天放50分鐘，夏天放約40分鐘。待麵團膨脹至1.5～2倍大，表面微凸，基礎發酵即完成。用手指沾高筋麵粉在中央戳洞，如果洞沒有馬上回縮，表示狀態OK。

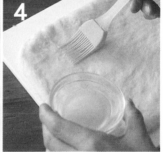

4 用手掌輕輕按壓麵團，壓出空氣。移到砧板上，用擀麵棍擀成寬15×長約40cm。在耐熱容器內放10g奶油，微波（600W）加熱約20秒使其融化。麵團上部空出約2cm，其餘部分均勻刷上奶油。

　　　　　　　　　　　　　　　　　　　　　▶ 烘烤 ▶

5 用湯匙舀取 B 放在塗了奶油的部分，用手抹平且輕輕按壓使其貼合。

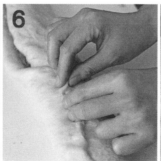

6 先從下端往上摺，再從上端往下摺，用手指沾水捏合收邊。收邊朝下，切成6等份。

7 保持一定間隔，「螺旋」朝上擺入烤盤，用手掌輕壓成2cm厚，靜置至表面呈現鼓脹狀態（冬天放20分鐘，夏天約15分鐘），最後發酵即完成。

🔲 趁麵團發酵的時候，將烤箱預熱至180度

8 刷上蛋液，放進180度的烤箱下層烤16～20分鐘，烤至表面上色。烤的過程中若發現快烤焦了，蓋上鋁箔紙。把 C 倒入調理碗拌合做成糖霜，肉桂捲放涼後淋上糖霜。

國家圖書館出版品預行編目資料

超簡單！秒上手！世界第一美味甜點／藤原
美樹著；連雪雅譯. -- 初版. -- 臺北市：皇冠，
2021.09
面；公分. --（皇冠叢書；第4967種）（玩味；
21）
譯自：世界一親切な大好き！家おやつ
ISBN 978-957-33-3770-6（平裝）

1.點心食譜

427.16   110012190

皇冠叢書第4967種

玩味 21
超簡單！秒上手！
世界第一美味甜點
世界一親切な大好き！家おやつ

SEKAIICHI SINSETSU NA DAISUKI！IEOYATSU
© Mikimama. 2018
Originally published in Japan by Shufunotomo Co., Ltd
Translation rights arranged with Shufunotomo Co., Ltd.
Through Haii AS International Co., Ltd.

Complex Chinese Characters © 2021 by Crown Publishing
Company, Ltd.

作　　　者—藤原美樹
譯　　　者—連雪雅
發 行 人—平雲
出 版 發 行—皇冠文化出版有限公司
　　　　　　臺北市敦化北路120巷50號
　　　　　　電話◎02-2716-8888
　　　　　　郵撥帳號◎15261516號
　　　　　　皇冠出版社（香港）有限公司
　　　　　　香港銅鑼灣道180號百樂商業中心
　　　　　　19字樓1903室
　　　　　　電話◎2529-1778　傳真◎2527-0904
總 編 輯—許婷婷
責 任 編 輯—黃雅群
美 術 設 計—嚴昱琳
著作完成日期—2020年5月
初版一刷日期—2021年9月
法律顧問—王惠光律師
有著作權·翻印必究
如有破損或裝訂錯誤，請寄回本社更換
讀者服務傳真專線◎02-27150507
電腦編號◎542021
ISBN◎978-957-33-3770-6
Printed in Taiwan
本書定價◎新台幣320元／港幣107元

●皇冠讀樂網：www.crown.com.tw
●皇冠 Facebook：www.facebook.com/crownbook
●皇冠 Instagram：www.instagram.com/crownbook1954/
●小王子的編輯夢：crownbook.pixnet.net/blog